工业与信息化领域急需紧缺人才培养工程
——SY 建筑信息模型(BIM)人才培养项目专用教材

BIM 基本理论

工业与信息化领域急需紧缺人才培养工程
SY建筑信息模型(BIM)人才培养项目办　组织编写

刘占省　赵雪锋　主编

机械工业出版社

本书侧重于对 BIM 技术理论的介绍，内容主要包含 BIM 基础知识，BIM 软件、建模格式与精度，BIM 总体及各阶段实施计划，BIM 技术政策及标准，BIM 协同工作，BIM 建模及参数化技术，工程项目 BIM 技术具体过程应用，BIM 技术与新技术的结合等。

本书适合参加 BIM 工程师、BIM 项目管理师和 BIM 高级工程师考试的考生、建筑相关专业的学生使用，也可作为从事 BIM 工作的技术人员的参考书。

图书在版编目（CIP）数据

BIM 基本理论 / 刘占省，赵雪锋主编 . —北京：机械工业出版社，2018. 10
（2022.7 重印）

工业与信息化领域急需紧缺人才培养工程. SY 建筑信息模型(BIM)人才培养项目专用教材

ISBN 978-7-111-61030-4

Ⅰ.①B⋯ Ⅱ.①刘⋯ ②赵⋯ Ⅲ.①建筑设计－计算机辅助设计－应用软件－教材 Ⅳ.①TU201.4

中国版本图书馆 CIP 数据核字（2018）第 225538 号

机械工业出版社（北京市百万庄大街22 号 邮政编码100037）
策划编辑：汤 攀 责任编辑：汤 攀 刘志刚
责任校对：刘时光 责任印制：郜 敏
中煤（北京）印务有限公司印刷
2022 年 7 月第 1 版第 3 次印刷
184mm×260mm・12.75 印张・309 千字
标准书号：ISBN 978-7-111-61030-4
定价：45.00 元

编审人员名单

主　　编　刘占省　赵雪锋 (北京工业大学)

副 主 编　王　琦 (中交协〈北京〉交通科学研究院)

　　　　　许　光 (邢台职业技术学院)

　　　　　张治国 (北京立群建筑科学研究院)

主　　审　曹少卫 (中国中铁建工集团)

编写人员　何　建 (哈尔滨工程大学)

　　　　　孙佳佳　王宇波 (北京工业大学)

　　　　　杨震卿 (北京建工集团有限责任公司)

　　　　　巴盼峰 (天津城建大学)

　　　　　刘子昌 (中电建建筑集团有限公司)

　　　　　庞前凤 (中铁二十二局集团第一工程有限公司)

　　　　　王泽强 (北京市建筑工程研究院有限责任公司)

　　　　　董　皓　苗卿亮　李　昊 (天津广昊工程技术有限公司)

　　　　　符如旭 (中建科技〈北京〉有限公司)

　　　　　芦　东　汤红玲 (北京市第三建筑工程有限公司)

　　　　　王　唯　兰梦茹 (北京筑盈科技有限公司)

　　　　　王其明 (中国航天建设集团有限公司)

▶▶▶▶▶ 前言
PREFACE

建筑信息模型（Buiding Information Modeling，简称 BIM），是指在建设工程及设施全生命期内，对其物理和功能特性进行数字化表达，并依此设计、施工、运营的过程和结果的总称。基于 BIM 技术可视化、一体化、参数化、仿真性、协调性、可出图性、信息完备性等优点，通过 BIM 参数化建模和 BIM 总体及各阶段实施计划的制定，可以将 BIM 技术很好地应用在项目建设方案策划、招标投标管理、设计、施工、竣工交付和运维管理等全生命周期各阶段中；利用 BIM 技术可实现各信息、专业、人员的集成和协同，大大减少项目实施中由于信息和沟通不畅导致的工程变更和工期延误等问题，从而有效地保障了资源的合理控制、数据信息的高效传递共享和各人员间的准确及时沟通，有利于项目实施效率和安全质量的提高，从而实现工程项目的全生命周期一体化和协同化管理。

BIM 技术从 20 世纪 70 年代首次提出至今，已经经历了 40 余年的发展历程。21 世纪以后，计算机软硬件水平的迅速发展以及对建筑全生命周期的深入理解，推动了 BIM 技术的不断前进。BIM 这一方法和理念被提出并推广之后，2002 年 BIM 技术变革风潮便在全球范围内席卷开来。近年来，BIM 技术在国内迅速发展起来，除了前期软件厂商的大声呼吁外，政府相关单位、各行业协会与专家、设计单位、施工企业、科研院校等也大力推行 BIM 技术实施应用。2016 年，住建部发布了"十三五"纲要——《2016～2020 年建筑业信息化发展纲要》，相比于"十二五"纲要，引入了"互联网＋"概念，以 BIM 技术与建筑业发展深度融合，塑造建筑业新业态为指导思想，实现企业信息化、行业监管与服务信息化、专项信息技术应用及信息化标准体系的建立，达到基于"互联网＋"的建筑业信息化水平升级。另外，国家和地区也不断出台 BIM 标准指南，如《建筑信息模型应用统一标准》于 2017 年 7 月 1 日开始实施，《建筑信息模型施工应用标准》于 2018 年 1 月 1 日起开始实施。BIM 政策和标准的颁布为建筑全生命周期的信息资源共享和业务协作提供了有力保证。

本书侧重于对 BIM 技术理论的介绍，内容主要包含 BIM 基础知识，BIM 软件、建模格式与精度，BIM 总体及各阶段实施计划，BIM 技术政策及标准，BIM 协同工作，BIM 建模及参数化技术，工程项目 BIM 技术具体过程应用，BIM 技术与新技术的结合等部分。希望广大读者通过对本书的阅读学习，可以加深对 BIM 技术的理解，也希望能够为从事 BIM 工作的技术人员提供参考，并将 BIM 技术融合运用到实际工程中。

本书在编写过程中参考了大量宝贵的文献资料，吸取了行业专家的经验，参考和借鉴了有关专业书籍内容和论文，以及论坛上相关网友的 BIM 应用心得体会。在此，向这部分文献资料的作者表示衷心的感谢！

由于本书编者水平有限，加之时间仓促，书中难免有疏漏之处，恳请广大读者批评指正。

本书提供课件及相关文件下载，请关注微信公众号"机械工业出版社建筑分社"（CMPJZ18），回复"BIM18"获得下载地址；或电话咨询（010-88379250）。

目录
CONTENTS

第1章 BIM基础知识

导读：本章主要从 BIM 技术概念，BIM 技术特点，BIM 技术国内外发展状况，BIM 实施常见问题及建议这四个方面对 BIM 基础知识做出具体介绍，为后几章深入学习 BIM 技术理论打下基础。首先对 BIM 的含义、BIM 技术较二维 CAD 技术的优势做了基本概述，而后从八个方面介绍 BIM 技术的特点，并介绍了 BIM 在美国、英国、新加坡、日本、韩国和中国等国内外的发展及应用现状。最后介绍了 BIM 技术在实际实施过程中的常见问题，并给出了合理化建议，推动 BIM 技术的推广和深入应用。

1.1 BIM 技术概念

1.1.1 BIM 技术由来

BIM 的全称是"建筑信息模型（Building Information Modeling）"，这项技术被称之为"革命性"的技术，源于美国乔治亚技术学院（Georgia Tech College）建筑与计算机专业的查克·伊斯曼（Chuck Eastman）博士提出的一个概念：建筑信息模型包含了不同专业的所有的信息、功能要求和性能，把一个工程项目的所有的信息包括在设计过程、施工过程、运营管理过程的信息全部整合到一个建筑模型中（如图 1.1-1 所示）。

在《建筑信息模型应用统一标准》中，将 BIM 定义如下：建筑信息模型 buiding information modeling, buiding information model（BIM），是指在建设工程及设施全生命期内，对其物理和功能特性进行数字化表达，并依此设计、施工、运营的过程和结果的总称。简称模型。

BIM 技术是一种多维（三维空间、四维时间、五维成本、N 维更多应用）模型信息集成技术，可以使建设项目的所有参与方（包括政府主管部门、业主、设计、施工、监理、造价、运营管理、项目用户等）在项目从概念产生到完全拆除的整个生命周期内都能够在模型中操作信息和在信息中操作模型，从而从根本

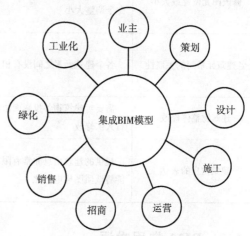

图 1.1-1 各专业集成 BIM 模型图

上改变从业人员依靠符号文字形式图样进行项目建设和运营管理的工作方式，实现在建设项目全生命周期内提高工作效率和质量以及减少错误和风险的目标。

1

BIM 的含义总结为以下三点：

1）BIM 是以三维数字技术为基础，集成了建筑工程项目各种相关信息的工程数据模型，是对工程项目设施实体与功能特性的数字化表达。

2）BIM 是一个完善的信息模型，能够连接建筑项目生命期不同阶段的数据、过程和资源，是对工程对象的完整描述，提供可自动计算、查询、组合拆分的实时工程数据，可被建设项目各参与方普遍使用。

3）BIM 具有单一工程数据源，可解决分布式、异构工程数据之间的一致性和全局共享问题，支持建设项目生命期中动态的工程信息创建、管理和共享，是项目实时的共享数据平台。

1.1.2 BIM 技术优势

CAD 技术将建筑师、工程师们从手工绘图推向计算机辅助制图，实现了工程设计领域的第一次信息革命。但是此信息技术对产业链的支撑作用是断点的，各个领域和环节之间没有关联，从整个产业整体来看，信息化的综合应用明显不足。BIM 是一种技术、一种方法、一种过程，它既包括建筑物全生命周期的信息模型，同时又包括建筑工程管理行为的模型，它将两者进行完美的结合来实现集成管理，它的出现将可能引发整个 A/E/C（Architecture/Engineering/Construction）领域的第二次革命。

BIM 技术较二维 CAD 技术的优势见表 1.1-1。

表 1.1-1　BIM 技术较二维 CAD 技术的优势

类别　　面向对象	CAD 技术	BIM 技术
基本元素	基本元素为点、线、面，无专业意义	基本元素如：墙、窗、门等，不但具有几何特性，同时还具有建筑物理特征和功能特征
修改图元位置或大小	需要再次画图，或者通过拉伸命令调整大小	所有图元均为参数化建筑构件，附有建筑属性；在"族"的概念下，只需要更改属性，就可以调节构件的尺寸、样式、材质、颜色等
各建筑元素间的关联性	各个建筑元素之间没有相关性	各个构件是相互关联的，例如删除一面墙，墙上的窗和门跟着自动删除；删除一扇窗，墙上原来窗的位置会自动恢复为完整的墙
建筑物整体修改	需要对建筑物各投影面依次进行人工修改	只需进行一次修改，则与之相关的平面、立面、剖面、三维视图、明细表等都自动修改
建筑信息的表达	提供的建筑信息非常有限，只能将纸质图样电子化	包含了建筑的全部信息，不仅提供形象可视的二维和三维图样，而且提供工程量清单、施工管理、虚拟建造、造价估算等更加丰富的信息

1.1.3 BIM 常用术语

1. BIM

BIM 是指在建设工程及设施全生命期内，对其物理和功能特性进行数字化表达，并依此设计、施工、运营的过程和结果的总称。前期定义为"Building Information Model"，之后将

BIM 中的 "Model" 替换为 "Modeling"，即 "Building Information Modeling"，前者指的是静态的 "模型"，后者指的是动态的 "过程"，可以直译为 "建筑信息建模"、"建筑信息模型方法" 或 "建筑信息模型过程"，但约定俗成目前国内业界仍然称之为 "建筑信息模型"。

2. PAS 1192

PAS 1192 即使用建筑信息模型设置信息管理运营阶段的规范。该纲要规定了 level of model（图形信息）、model information（非图形内容，比如具体的数据）、model definition（模型的意义）和 model information exchanges（模型信息交换）。PAS 1192-2 提出 BIM 实施计划（BEP）是为了管理项目的交付过程，有效地将 BIM 引入项目交付流程，对项目团队在项目早期发展 BIM 实施计划很重要。它概述了全局视角和实施细节，帮助项目团队贯穿项目实践。它经常在项目启动时被定义并当新项目成员被委派时调节他们的参与。

3. CIC BIM protocol

CIC BIM protocol 即 CIC BIM 协议。CIC BIM 协议是建设单位和承包商之间的一个补充性的具有法律效益的协议，已被并入专业服务条约和建设合同之中，是对标准项目的补充。它规定了雇主和承包商的额外权利和义务，从而促进相互之间的合作，同时有对知识产权的保护和对项目参与各方的责任划分。

4. Clash rendition

Clash rendition 即碰撞再现。专门用于空间协调的过程，实现不同学科建立的 BIM 模型之间的碰撞规避或者碰撞检查。

5. CDE

CDE 即公共数据环境。这是一个中心信息库，所有项目相关者可以访问。同时对所有 CDE 中的数据访问都是随时的，所有权仍旧由创始者持有。

6. COBie

COBie 即施工运营建筑信息交换（Construction Operations Building Information Exchange）。COBie 是一种以电子表单呈现的用于交付的数据形式，为了调频交接包含了建筑模型中的一部分信息（除了图形数据）。

7. Data Exchange Specification

Data Exchange Specification 即数据交换规范。不同 BIM 应用软件之间数据文件交换的一种电子文件格式的规范，从而提高相互间的可操作性。

8. Federated mode

Federated mode 即联邦模式。本质上这是一个合并了的建筑信息模型，将不同的模型合并成一个模型，是多方合作的结果。

9. GSL

GSL 即 Government Soft Landings。这是一个由英国政府开始的交付仪式，它的目的是为了减少成本（资产和运行成本）、提高资产交付和运作的效果，同时受助于建筑信息模型。

10. IFC

IFC 即 Industry Foundation Class。IFC 是一个包含各种建设项目设计、施工、运营各个阶段所需要的全部信息的一种基于对象的、公开的标准文件交换格式。

11. IDM

IDM 即 Information Delivery Manual。IDM 是对某个指定项目以及项目阶段、某个特定项目成员、某个特定业务流程所需要交换的信息以及由该流程产生的信息的定义。每个项目成员通过信息交换得到完成他的工作所需要的信息，同时把他在工作中收集或更新的信息通过信息交换给其他需要的项目成员使用。

12. Information Manager

Information Manager 即为雇主提供一个"信息管理者"的角色，本质上就是一个负责 BIM 程序下资产交付的项目管理者。

13. Level0、Level1、Level2、Level3

Levels：表示 BIM 等级从不同阶段到完全合作被认可的里程碑阶段的过程，是 BIM 成熟度的划分。这个过程被分为 0 ~ 3 共四个阶段，目前对于每个阶段的定义还有争论，最广为认可的定义如下：

Level0：没有合作，只有二维的 CAD 图样，通过纸张和电子文本输出结果。

Level1：含有一点三维 CAD 的概念设计工作，法定批准文件和生产信息都是 2D 图输出。不同学科之间没有合作，每个参与者只含有他自己的数据。

Level2：合作性工作，所有参与方都使用他们自己的 3D CAD 模型，设计信息共享是通过普通文件格式（common file format）。各个组织都能将共享数据和自己的数据结合，从而发现矛盾。因此各方使用的 CAD 软件必须能够以普通文件格式输出。

Level3：所有学科整合性合作，使用一个在 CDE 环境中的共享性的项目模型。各参与方都可以访问和修改同一个模型，解决了最后一层信息冲突的风险，这就是所谓的"Open BIM"。

14. LOD

BIM 模型的发展程度或细致程度（Level of detail），LOD 描述了一个 BIM 模型构件单元从最低级的近似概念化的程度发展到最高级的演示级精度的步骤。LOD 的定义主要运用于确定模型阶段输出结果及分配建模任务这两方面。

15. LoI

LoI 即 Level of information。LoI 定义了每个阶段需要细节的多少。比如，是空间信息、性能，还是标准、工况、证明等。

16. LCA

LCA 即全生命周期评估（Life-Cycle Assessment）或全生命周期分析（life-cycle analysis），是对建筑资产从建成到退出使用整个过程中对环境影响的评估，主要是对能量和材料消耗、废物和废气排放的评估。

17. Open BIM

Open BIM 即一种在建筑的合作性设计施工和运营中基于公共标准和公共工作流程的开放资源的工作方式。

18. BEP

BEP 即 BIM 实施计划（BIM execution plan）。BIM 实施计划分为"合同前"BEP 及"合作运作期"BEP，"合同前"BEP 主要负责雇主的信息要求，即在设计和建设中纳入承包商的建议，"合作运作期"BEP 主要负责合同交付细节。

19. Uniclass

Uniclass 即英国政府使用的分类系统，将对象分类到各个数值标头，使事物有序。在资产的全生命过程中根据类型和种类将各相关元素整理和分类，有可能作为 BIM 模型的类别。

1.2 BIM 技术特点

1.2.1 可视化

1. 设计可视化

设计可视化即在设计阶段建筑及构件以三维方式直观呈现出来。设计师能够运用三维思考方式有效地完成建筑设计，同时也使业主（或最终用户）真正摆脱了技术壁垒限制，随时可直接获取项目信息，大大减小了业主与设计师间的交流障碍。

BIM 工具具有多种可视化的模式，一般包括隐藏线、带边框着色和真实渲染三种模式，如图 1.2-1 所示是在这三种模式下的图例。

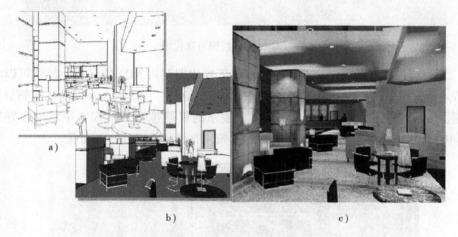

图 1.2-1　BIM 可视化的三种模式图
a）隐藏线　b）带边框着色　c）真实渲染

此外，BIM 还具有漫游功能，通过创建相机路径，并创建动画或一系列图像，可向客户进行模型展示，如图 1.2-2 所示。

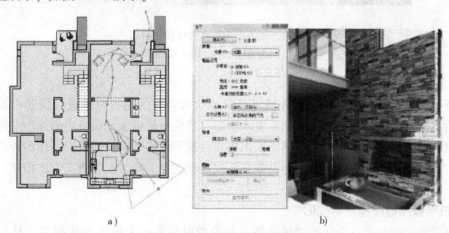

图 1.2-2　BIM 漫游可视化图
a）漫游路径设置　b）渲染设置

2. 施工可视化

（1）施工组织可视化　施工组织可视化即利用 BIM 工具创建建筑设备模型、周转材料模型、临时设施模型等，以模拟施工过程，确定施工方案，进行施工组织。通过创建各种模型，可以在计算机中进行虚拟施工，使施工组织可视化，如图 1.2-3 所示。

图 1.2-3　施工组织可视化图

（2）复杂构造节点可视化　复杂构造节点可视化即利用 BIM 的可视化特性可以将复杂的构造节点全方位呈现，如复杂的钢筋节点、幕墙节点等。图 2.3.1-4 是复杂钢筋节点的可视化应用，传统 CAD 图样（图 1.2-4a）难以表示的钢筋排布，在 BIM 中可以很好地展现（图 1.2-4b），甚至可以做成钢筋模型的动态视频，有利于施工和技术交底。

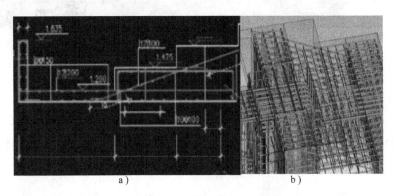

a)　　　　　　　　　　　b)

图 1.2-4　复杂构造节点的可视化应用
a）CAD 图样　b）BIM 展现

3. 设备可操作性可视化

设备可操作性可视化即利用 BIM 技术可对建筑设备空间是否合理进行提前检验。某项目生活给水机房的 BIM 模型如图 1.2-5 所示，通过该模型可以验证设备房的操作空间是否合理，并对管道支架进行优化。通过制作工作集和设置不同施工路线，可以制作多种的设备安装动画，不断调整，从中找出最佳的设备安装位置和工序。与传统的施工方法相比，该方法更直观、清晰。

4. 机电管线碰撞检查可视化

机电管线碰撞检查可视化即通过将各专业模型组装为一个整体 BIM 模型，从而使机电管线与建筑物的碰撞点以三维方式直观显示出来。在传统的施工方法中，对管线碰撞检查的

图 1.2-5　设备可操作性可视化图

方式主要有两种：一是把不同专业的 CAD 图样叠在一张图上进行观察，根据施工经验和空间想象力找出碰撞点并加以修改；二是在施工的过程中边做边修改。这两种方法均费时费力，效率很低。但在 BIM 模型中，可以提前在真实的三维空间中找出碰撞点，并由各专业人员在模型中调整好碰撞点或不合理处后再导出 CAD 图样。某工程管线碰撞检查如图 1.2-6 所示。

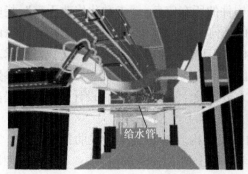

图 1.2-6　管线碰撞检查

1.2.2　一体化

　　一体化指的是 BIM 技术可进行从设计到施工再到运营贯穿了工程项目的全生命周期的一体化管理。BIM 的技术核心是一个由计算机三维模型所形成的数据库，不仅包含了建筑师的设计信息，而且可以容纳从设计到建成使用，甚至是使用周期终结的全过程信息。BIM 可以持续提供项目设计范围、进度以及成本信息，这些信息完整可靠并且完全协调。BIM 能在综合数字环境中保持信息不断更新并可提供访问，使建筑师、工程师、施工人员以及业主可以清楚全面地了解项目。这些信息在建筑设计、施工和管理的过程中能使项目质量提高，收益增加。BIM 在整个建筑行业从上游到下游的各个企业间不断完善，从而实现项目全生命周期的信息化管理，最大化地实现 BIM 的意义。

　　在设计阶段，BIM 使建筑、结构、给水排水、空调、电气等各个专业基于同一个模型进行工作，从而使真正意义上的三维集成协同设计成为可能。将整个设计整合到一个共享的建筑信息模型中，结构与设备、设备与设备间的冲突会直观地显现出来，工程师们可在三维模型中随意查看，并能准确查看到可能存在问题的地方，并及时调整，从而极大地避免了施工中的浪费。这在极大程度上促进设计施工的一体化过程。在施工阶段，BIM 可以同步提供有关建筑质量、进度以及成本的信息。利用 BIM 可以实现整个施工周期的可视化模拟与可视化管理。帮助施工人员促进建筑的量化，迅速为业主制定展示场地使用情况或更新调整情况的规划，提高文档质量，改善施工规划。最终结果就是，能将业主更多的施工资金投入到建筑，而不是行政和管理中。此外 BIM 还能在运营管理阶段提高收益和成本管理水平，为开发商销售招商和业主购房提供了极大的透明和便利。BIM 这场信息革命，对于工程建设设计施工一体化各个环节，必将产生深远的影响。这项技术已经可以清楚地表明其在协调方面的设计，缩短设计与施工时间表，显著降低成本，改善工作场所安全和可持续的建筑项目所带来的整体利益。

1.2.3 参数化

参数化建模指的是通过参数（变量）而不是数字建立和分析模型，简单地改变模型中的参数值就能建立和分析新的模型。

BIM 的参数化设计分为两个部分："参数化图元"和"参数化修改引擎"。"参数化图元"指的是 BIM 中的图元是以构件的形式出现，这些构件之间的不同，是通过参数的调整反映出来的，参数保存了图元作为数字化建筑构件的所有信息；"参数化修改引擎"指的是参数更改技术使用户对建筑设计或文档部分做的任何改动，都可以自动地在其他相关联的部分反映出来。在参数化设计系统中，设计人员根据工程关系和几何关系来指定设计要求。参数化设计的本质是在可变参数的作用下，系统能够自动维护所有的不变参数。因此，参数化模型中建立的各种约束关系，正是体现了设计人员的设计意图。参数化设计可以大大提高模型的生成和修改速度。

在某钢结构项目中，钢结构采用交叉状的网壳结构。图 1.2-7a 为主肋控制曲线，它是在建筑师根据莫比乌斯环的概念确定的曲线走势基础上衍生出的多条曲线；有了基础控制线后，利用参数化设定曲线间的参数，按照设定的参数自动生成主次肋曲线，如图 1.2-7b 所示；相应的外表皮单元和梁也是随着曲线的生成自动生成，如图 1.2-7c 所示。这种"参数化"的特性，不仅能够大大加快设计进度，还能够极大地缩短设计修改的时间。

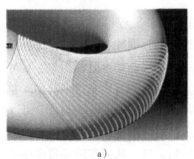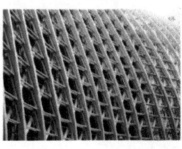

a)　　　　　　　　　b)　　　　　　　　　c)

图 1.2-7　参数化建模图

1.2.4 仿真性

1. 建筑物性能分析仿真

建筑物性能分析仿真即基于 BIM 技术，建筑师在设计过程中赋予所创建的虚拟建筑模型大量建筑信息（几何信息、材料性能、构件属性等），然后将 BIM 模型导入相关性能分析软件，就可得到相应分析结果。这一性能使得原本 CAD 时代需要专业人士花费大量时间输入大量专业数据的过程，如今可自动轻松完成，从而大大降低了工作周期，提高了设计质量，优化了为业主的服务。

性能分析主要包括能耗分析、光照分析、设备分析、绿色分析等。

2. 施工仿真

（1）施工方案模拟、优化　施工方案模拟、优化指的是通过 BIM 可对项目重点及难点部分进行建造模拟，按月、日、时进行施工安装方案的分析优化，验证复杂建筑体系（如施工模板、玻璃装配、锚固等）的可建造性，从而提高施工计划的可行性。对项目管理方而言，可直观了解整个施工安装环节的时间节点、安装工序及疑难点。而施工方也可进一步对原有安装方案进行优化和改善，以提高施工效率和施工方案的安全性。

（2）工程量自动计算　BIM 模型作为一个富含工程信息的数据库，可真实地提供造价管理所需的工程量数据。基于这些数据信息，计算机可快速对各种构件进行统计分析，大大减少了繁琐的人工操作和潜在错误，实现了工程量信息与设计文件的统一。通过 BIM 所获得准确的工程量统计，可用于设计前期的成本估算、方案比选、成本比较以及开工前预算和竣工后决算。

（3）消除现场施工过程干扰或施工工艺冲突　随着建筑物规模和使用功能复杂程度的增加，设计、施工甚至业主，对于机电管线综合的出图要求愈加强烈。利用 BIM 技术，通过搭建各专业 BIM 模型，设计师能够在虚拟三维环境下快速发现并及时排除施工中可能遇到的碰撞冲突，显著减少由此产生的变更申请单，大大提高了施工现场作业效率，降低了因施工不协调造成的成本增长和工期延误。

3. 施工进度模拟

施工进度模拟即通过将 BIM 与施工进度计划相链接，把空间信息与时间信息整合在一个可视的 4D 模型中，直观、精确地反映整个施工过程。当前建筑工程项目管理中常用以表示进度计划的甘特图，专业性强，但可视化程度低，无法清晰描述施工进度以及各种复杂关系（尤其是动态变化过程）。而通过基于 BIM 技术的施工进度模拟可直观、精确地反映整个施工过程，进而可缩短工期、降低成本、提高质量。

4. 运维仿真

（1）设备的运行监控　设备的运行监控即采用 BIM 技术实现对建筑物设备的搜索、定位、信息查询等功能。在运维 BIM 模型中，通过对设备信息集成的前提下，运用计算机对 BIM 模型中的设备进行操作，可以快速查询设备的所有信息，如生产厂商、使用寿命期限、联系方式、运行维护情况以及设备所在位置等。通过对设备运行周期的预警管理，可以有效地防止事故的发生，利用终端设备和二维码、RFID 技术，迅速对发生故障的设备进行检修。

（2）能源运行管理　能源运行管理即通过 BIM 模型对租户的能源使用情况进行监控与管理，赋予每个能源使用记录表传感功能，在管理系统中及时做好信息的收集处理，通过能源管理系统对能源消耗情况自动进行统计分析，并且可以对异常使用情况进行警告。

（3）建筑空间管理　建筑空间管理即基于 BIM 技术业主通过三维可视化直观地查询定位到每个租户的空间位置以及租户的信息，如租户名称、建筑面积、租约区间、租金情况、物业管理情况；还可以实现租户的各种信息的提醒功能，同时根据租户信息的变化，实现对数据的及时调整和更新。

1.2.5 协调性

"协调"一直是建筑业工作中的重点内容,不管是施工单位还是业主及设计单位,无不在做着协调及相互配合的工作。基于 BIM 进行工程管理,可以有助于工程各参与方进行组织协调工作。通过 BIM 建筑信息模型可在建筑物建造前期对各专业的碰撞问题进行协调,生成并提供协调数据。

1. 设计协调

设计协调指的是通过 BIM 三维可视化控件及程序自动检测,可对建筑物内机电管线和设备进行直观布置模拟安装,检查是否碰撞,找出问题所在及冲突矛盾之处,还可调整楼层净高、墙柱尺寸等。从而有效解决传统方法容易造成的设计缺陷,提升设计质量,减少后期修改,降低成本及风险。

2. 整体进度规划协调

整体进度规划协调指的是基于 BIM 技术,对施工进度进行模拟,同时根据最前线的经验和知识进行调整,极大地缩短施工前期的技术准备时间,并帮助各类各级人员对设计意图和施工方案获得更高层次的理解。以前施工进度通常是由技术人员或管理层敲定的,容易出现下级人员信息断层的情况。如今,BIM 技术的应用使得施工方案更高效、更完美。

3. 成本预算、工程量估算协调

成本预算、工程量估算协调指的是应用 BIM 技术可以为造价工程师提供各设计阶段准确的工程量、设计参数和工程参数,这些工程量和参数与技术经济指标结合,可以计算出准确的估算、概算,再运用价值工程和限额设计等手段对设计成果进行优化。同时,基于 BIM 技术生成的工程量不是简单的长度和面积的统计,专业的 BIM 造价软件可以进行精确地 3D 布尔运算和实体减扣,从而获得更符合实际的工程量数据,并且可以自动形成电子文档进行交换、共享、远程传递和永久存档。在准确率和速度上都较传统统计方法有很大的提高,有效降低了造价工程师的工作强度,提高了工作效率。

4. 运维协调

BIM 系统包含了多方信息,如:厂家价格信息、竣工模型、维护信息、施工阶段安装深化图等,BIM 系统能够把成堆的图样、报价单、采购单、工期图等统筹在一起,呈现出直观、实用的数据信息,可以基于这些信息进行运维协调。

运维管理主要体现在以下几个方面:

(1)空间协调管理 空间协调管理主要应用在照明、消防等各系统和设备空间定位。应用 BIM 技术业主可获取各系统和设备空间位置信息,把原来编号或者文字表示变成三维图形位置,直观形象且方便查找。如通过 RFID 获取大楼的安保人员位置。其次,BIM 技术可应用于内部空间设施可视化,利用 BIM 建立一个可视三维模型,所有数据和信息可以从模型获取调用。如装修的时候,可快速获取不能拆除的管线、承重墙等建筑构件的相关属性。

(2)设施协调管理 设施协调管理主要体现在设施的装修、空间规划和维护操作。BIM 技术能够提供关于建筑项目的协调一致的、可计算的信息,该信息可用于共享及重复使用,从而可降低业主和运营商由于缺乏操作性而导致的成本损失。此外基于 BIM 技术还可对重要设备进行远程控制,把原来商业地产中独立运行的各种设备通过 RFID 等技术汇总到统一的平台上进行管理和控制。通过远程控制,可充分了解设备的运行状况,为业主更好地进行运维管理提供良好条件。

(3) 隐蔽工程协调管理　基于 BIM 技术的运维可以管理复杂的地下管网，如污水管、排水管、网线、电线以及相关管井，并且可以在图上直接获得相对位置关系。当改建或二次装修的时候可以避开现有管网位置，便于管网维修、更换设备和定位。内部相关人员可以共享这些电子信息，有变化可随时调整，保证信息的完整性和准确性。

(4) 应急管理协调　通过 BIM 技术的运维管理对突发事件管理，包括预防、警报和处理。以消防事件为例，该管理系统可以通过喷淋感应器感应信息；如果发生着火事故，在商业广场的 BIM 信息模型界面中，就会自动触发火警警报；着火区域的三维位置和房间立即进行定位显示；控制中心可以及时查询相应的周围环境和设备情况，为及时疏散人群和处理灾情提供重要信息。

(5) 节能减排管理协调　通过 BIM 结合物联网技术的应用，使得日常能源管理监控变得更加方便。通过安装具有传感功能的电表、水表、煤气表后，可以实现建筑能耗数据的实时采集、传输、初步分析、定时定点上传等基本功能，并具有较强的扩展性。系统还可以实现室内温湿度的远程监测，分析房间内的实时温湿度变化，配合节能运行管理。在管理系统中可以及时收集所有能源信息，并且通过开发的能源管理功能模块，对能源消耗情况进行自动统计分析，比如各区域，各户主的每日用电量，每周用电量等，并对异常能源使用情况进行警告或者标识。

1.2.6 优化性

在整个设计、施工、运营的过程中，其实就是一个不断优化的过程，没有准确的信息是做不出合理优化结果的。BIM 模型提供了建筑物存在的实际信息，包括几何信息、物理信息、规则信息，还提供了建筑物变化以后的实际存在。BIM 及与其配套的各种优化工具提供了对复杂项目进行优化的可能：把项目设计和投资回报分析结合起来，计算出设计变化对投资回报的影响，使得业主知道哪种项目设计方案更有利于自身的需求，对设计施工方案进行优化，可以带来显著的工期和造价改进。

1.2.7 可出图性

运用 BIM 技术，除了能够进行建筑平、立、剖及详图的输出外，还可以出碰撞报告及构件加工图等。

1. 施工图样输出

通过将建筑、结构、电气、给水排水、暖通等专业的 BIM 模型整合后，进行管线碰撞检查，可以出综合管线图（经过碰撞检查和设计修改，消除了相应错误以后）、综合结构留洞图（预埋套管图）、碰撞检查报告和建议改进方案。

(1) 建筑与结构专业的碰撞　建筑与结构专业的碰撞主要包括建筑与结构图样中的标高、柱、剪力墙等的位置是否一致等。如图 1.2-8 所示是梁与门的碰撞图。

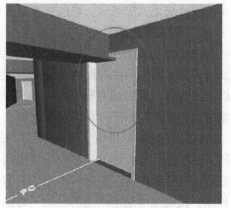

图 1.2-8　梁与门的碰撞图

（2）设备内部各专业碰撞 设备内部各专业碰撞内容主要是检测各专业与管线的冲突情况，如图 1.2-9 所示。

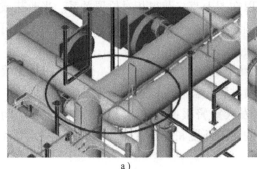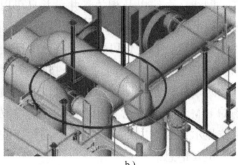

a)   b)

图 1.2-9 设备管道互相碰撞图

a) 检测出的碰撞   b) 优化后的管线

（3）建筑、结构专业与设备专业碰撞 建筑专业与设备专业的碰撞如设备与室内装修碰撞，如图 1.2-10 所示，结构专业与设备专业的碰撞如管道与梁柱冲突，如图 1.2-11 所示。

图 1.2-10 水管穿吊顶图   图 1.2-11 风管和梁碰撞图

（4）解决管线空间布局 基于 BIM 模型可调整解决管线空间布局问题，如机房过道狭小、各管线交叉等问题。管线交叉及优化具体过程如图 1.2-12 所示。

2. 构件加工指导

（1）出构件加工图 通过 BIM 模型对建筑构件的信息化表达，可在 BIM 模型上直接生成构件加工图，不仅能清楚地传达传统图样的二维关系，而且对于复杂的空间剖面关系也可以清楚表达，同时还能够将离散的二维图样信息集中到一个模型当中，这样的模型能够更加紧密地实现与预制工厂的协同和对接。

（2）构件生产指导 在生产加工过程中，BIM 信息化技术可以直观地表达出配筋的空间关系和各种参数情况，能自动生成构件下料单、派工单、模具规格参数等生产表单，并且能通过可视化的直观表达帮助工人更好地理解设计意图，可以形成 BIM 生产模拟动画、流程图、说明图等辅助培训的材料，有助于提高工人生产的准确性和质量效率。

（3）实现预制构件的数字化制造 借助工厂化、机械化的生产方式，采用集中、大型

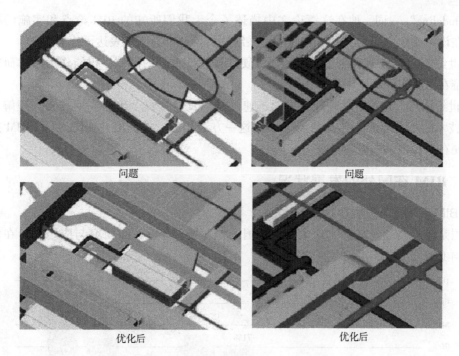

图 1.2-12　风管和梁及消防管道优化前后对比图

的生产设备，将 BIM 信息数据输入设备，就可以实现机械的自动化生产，这种数字化建造的方式可以大大提高工作效率和生产质量。比如现在已经实现了钢筋网片的商品化生产，符合设计要求的钢筋在工厂自动下料、自动成形、自动焊接（绑扎），形成标准化的钢筋网片。

1.2.8　信息完备性

信息完备性体现在 BIM 技术可对工程对象进行 3D 几何信息和拓扑关系的描述以及完整的工程信息描述，如对象名称、结构类型、建筑材料、工程性能等设计信息；施工工序、进度、成本、质量以及人力、机械、材料资源等施工信息；工程安全性能、材料耐久性能等维护信息；对象之间的工程逻辑关系等。

1.3　BIM 技术国内外发展状况

1.3.1　BIM 技术的发展沿革

BIM 作为对包括工程建设行业在内的多个行业的工作流程、工作方法的一次重大思索和变革，其雏形最早可追溯到 20 世纪 70 年代。如前文所述，查克·伊士曼博士（Chuck Eastman, Ph. D.）在 1975 年提出了 BIM 的概念；在 20 世纪 70 年代末至 80 年代初，英国也在进行类似 BIM 的研究与开发工作，当时，欧洲习惯把它被称为"产品信息模型（Product Information Model）"，而美国通常称之为"建筑产品模型（Building Product Model）"。

1986 年罗伯特·艾什（Robert Aish）发表的一篇论文中，第一次使用"Building Information Modeling"一词，他在这篇论文中描述了今天我们所知的 BIM 论点和实施的相关技术，并在该论文中应用 RUCAPS 建筑模型系统分析了一个案例来表达了他的概念。

21 世纪前的 BIM 研究由于受到计算机硬件与软件水平的限制，仅能作为学术研究的对象，很难在工程实际应用中发挥作用。

21 世纪以后，计算机软硬件水平的迅速发展以及对建筑全生命周期的深入理解，推动了 BIM 技术的不断前进。自 2002 年，BIM 这一方法和理念被提出并推广之后，BIM 技术变革风潮便在全球范围内席卷开来。

1.3.2 BIM 在国外的发展状况

1. BIM 在美国的发展现状

美国是较早启动建筑业信息化研究的国家，发展至今，BIM 研究与应用都走在世界前列，美国 BIM 的应用趋势如图 1.3-1 所示。

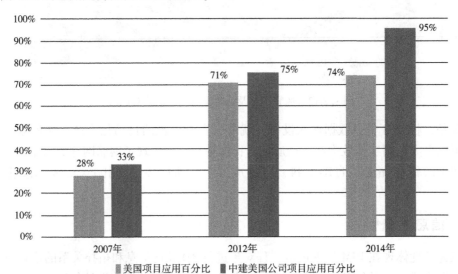

图 1.3-1　美国 BIM 的应用趋势

目前，美国大多建筑项目已经开始应用 BIM，BIM 的应用点种类繁多，而且存在各种 BIM 协会，也出台了各种 BIM 标准，美国 BIM 应用点如图 1.3-2 所示。政府自 2003 年起，实行国家级 3D-4D-BIM 计划；自 2007 年起，规定所有重要项目通过 BIM 进行空间规划。关于美国 BIM 的发展，有以下几大 BIM 的相关机构。

（1）GSA　2003 年，为了提高建筑领域的生产效率、提升建筑业信息化水平，美国总务署（General Service Administration, GSA）下属的公共建筑服务（Public Building Service）部门的首席设计师办公室（Office of the Chief Architect, OCA）推出了全国 3D-4D-BIM 计划。从 2007 年起，GSA 要求所有大型项目（招标级别）都需要应用 BIM，最低要求是空间规划验证和最终概念展示都需要提交 BIM 模型。所有 GSA 的项目都被鼓励采用 3D-4D-BIM 技术，并且根据采用这些技术的项目承包商的应用程序不同，给予不同程度的资金支持。目前 GSA 正在探讨在项目生命周期中应用 BIM 技术，包括空间规划验证、4D 模拟、激光扫描、能耗和可持续发展模拟、安全验证等，并陆续发布各领域的系列 BIM 指南，在官网可供下载，对于规范和 BIM 在实际项目中的应用起到了重要作用。

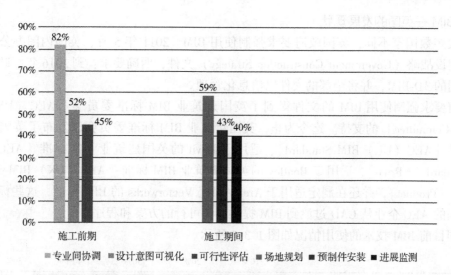

图 1.3-2　美国 BIM 应用点

（2）USACE　2006 年 10 月，美国陆军工程兵团（the U. S. Army Corps of Engineers，US-ACE）发布了为期 15 年的 BIM 发展路线规划，为 USACE 采用和实施 BIM 技术制定战略规划，以提升规划、设计和施工质量及效率（图 1.3-3）。规划中，USACE 承诺未来所有军事建筑项目都将使用 BIM 技术。

初始操作能力	建立生命周期数据互用	完全操作能力	生命周期任务自动化
2008年8个COS（标准化中心）BIM具备生产能力	90%符合美国BIM标准 所有地区美国BIM标准具备生产能力	美国BIM标准作为所有项目合同公告、发包、提交的一部分	利用美国BIM标准数据大大降低建设项目的成本和时间
2008	2010	2012	2020

图 1.3-3　USACE 的 BIM 发展图

（3）bSa　Building SMART 联盟（building SMART alliance，bSa）致力于 BIM 的推广与研究，使项目所有参与者在项目生命周期阶段能共享准确的项目信息。通过 BIM 收集和共享项目信息与数据，可以有效地节约成本、减少浪费。美国 bSa 的目标是在 2020 年之前，帮助建设部门节约 31% 的浪费或者节约 4 亿美元。bSa 下属的美国国家 BIM 标准项目委员会（the National Building Information Model Standard Project Committee-United States，NBIMS-US），专门负责美国国家 BIM 标准（National Building Information Model Standard，NBIMS）的研究与制定。2007 年 12 月，NBIMS-US 发布了 NBIMS 的第 1 版的第一部分，主要包括了关于信息交换和开发过程等方面的内容，明确了 BIM 过程和工具的各方定义、相互之间数据交换要求的明细和编码，使不同部门可以开发充分协商一致的 BIM 标准，更好地实现协同。2012 年 5 月，NBIMS-US 发布 NBIMS 的第 2 版的内容。NBIMS 第 2 版的编写过程采用了一个开放投稿（各专业 BIM 标准）、民主投票决定标准的内容（Open Consensus Process），因此，也被称为是第一份基于共识的 BIM 标准。

2. BIM 在英国的发展现状

与大多数国家不同，英国政府要求强制使用 BIM。2011 年 5 月，英国内阁办公室发布了政府建设战略（Government Construction Strategy）文件，明确要求：到 2016 年，政府要求全面协同的 3D-BIM，并将全部的文件以信息化管理。

政府要求强制使用 BIM 的文件得到了英国建筑业 BIM 标准委员会 ［AEC（UK）BIM Standard Committee］的支持。迄今为止，英国建筑业 BIM 标准委员会已发布了英国建筑业 BIM 标准 ［AEC（UK）BIM Standard］、适用于 Revit 的英国建筑业 BIM 标准 ［AEC（UK）BIM Standard for Revit］、适用于 Bentley 的英国建筑业 BIM 标准 ［AEC（UK）BIM Standard for Bentley Product］，并还在制定适用于 ArchiACD、Vectorworks 的 BIM 标准，这些标准的制定为英国的 AEC 企业从 CAD 过渡到 BIM 提供切实可行的方案和程序。

英国目前 BIM 技术的使用情况如图 1.3-4 所示。

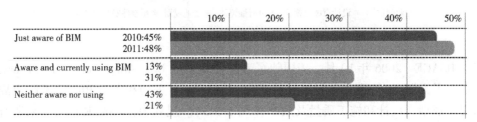

图 1.3-4　英国目前 BIM 技术的使用情况

3. BIM 在新加坡的发展现状

在 BIM 这一术语引进之前，新加坡当局就注意到信息技术对建筑业的重要作用。早在 1982 年，"建筑管理署"（Building and Construction Authority，BCA）就有了人工智能规划审批（Artificial Intelligence plan checking）的想法，2000 ~ 2004 年，发展 CORENET（Construction and Real Estate NETwork）项目，用于电子规划的自动审批和在线提交，是世界首创的自动化审批系统。2011 年，BCA 发布了新加坡 BIM 发展路线规划（BCA's Building Information Modelling Roadmap），规划明确推动整个建筑业在 2015 年前广泛使用 BIM 技术。为了实现这一目标，BCA 分析了面临的挑战，并制定了相关策略（图 1.3-5）。

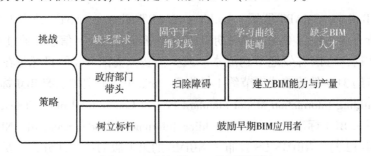

图 1.3-5　新加坡 BIM 发展策略图

在创造需求方面，新加坡政府部门带头在所有新建项目中明确提出 BIM 需求。2011 年，BCA 与一些政府部门合作确立了示范项目。BCA 将强制要求提交建筑 BIM 模型（2013 年起）、结构与机电 BIM 模型（2014 年起），并且最终在 2015 年前实现所有建筑面积大于 5000m² 的项目都必须提交 BIM 模型的目标。

在建立 BIM 能力与产量方面，BCA 鼓励新加坡的大学开设 BIM 的课程、为毕业学生组织密集的 BIM 培训课程、为行业专业人士建立了 BIM 专业学位。

4. BIM 在北欧国家的发展现状

北欧国家如挪威、丹麦、瑞典和芬兰，是一些主要的建筑业信息技术的软件厂商所在地，因此，这些国家是全球最先一批采用基于模型设计的国家，也在推动建筑信息技术的互用性和开放标准。北欧国家冬天漫长多雪，这使得建筑的预制化非常重要，这也促进了包含丰富数据、基于模型的 BIM 技术的发展，并导致了这些国家及早地进行了 BIM 的部署。

北欧四国政府并未强制要求全部使用 BIM，由于当地气候的要求以及先进建筑信息技术软件的推动，BIM 技术的发展主要是企业的自觉行为。如 2007 年，Senate Properties 发布了一份建筑设计的 BIM 要求（Senate Properties′ BIM Requirements for Architectural Design，2007），自 2007 年 10 月 1 日起，Senate Properties 的项目仅强制要求建筑设计部分使用 BIM，其他设计部分可根据项目情况自行决定是否采用 BIM 技术，但目标将是全面使用 BIM。该报告还提出，在设计招标将有强制的 BIM 要求，这些 BIM 要求将成为项目合同的一部分，具有法律约束力；建议在项目协作时，建模任务需创建通用的视图，需要准确的定义；需要提交最终 BIM 模型，且建筑结构与模型内部的碰撞需要进行存档；建模流程分为四个阶段：Spatial Group BIM、Spatial BIM、Preliminary Building Element BIM 和 Building Element BIM。

5. BIM 在日本的发展现状

在日本，有 2009 年是日本的 BIM 元年之说。大量的日本设计公司、施工企业开始应用 BIM，而日本国土交通省也在 2010 年 3 月表示，已选择一项政府建设项目作为试点，探索 BIM 在设计可视化、信息整合方面的价值及实施流程。

2010 年，日经 BP 社 2010 年调研了 517 位设计院、施工企业及相关建筑行业从业人士，了解他们对于 BIM 的认知度与应用情况。结果显示，对于 BIM 的知晓度从 2007 年的 30% 提升至 2010 年的 76%。2008 年的调研显示，采用 BIM 的最主要原因是 BIM 绝佳的展示效果，而 2010 年人们采用 BIM 主要用于提升工作效率，仅有 7% 的业主要求施工企业应用 BIM，这也表明日本企业应用 BIM 更多是企业的自身选择与需求。日本 33% 的施工企业已经应用 BIM 了，在这些企业当中近 90% 是在 2009 年之前开始实施的。

日本 BIM 相关软件厂商认识到，BIM 是需要多个软件来互相配合，这是数据集成的基本前提，因此多家日本 BIM 软件商在 IAI 日本分会的支持下，以福井计算机株式会社为主导，成立了日本国国产解决方案软件联盟。此外，日本建筑学会于 2012 年 7 月发布了日本 BIM 指南，从 BIM 团队建设、BIM 数据处理、BIM 设计流程、应用 BIM 进行预算、模拟等方面为日本的设计院和施工企业应用 BIM 提供了指导。

6. BIM 在韩国的发展现状

韩国在运用 BIM 技术上十分超前，多个政府部门都致力制定 BIM 的标准。2010 年 4 月，韩国公共采购服务中心（Public Procurement Service，PPS）发布了 BIM 路线图（图 1.3-6），内容包括：2010 年，在 1～2 个大型工程项目应用 BIM；2011 年，在 3～4 个大型工程项目应用 BIM；2012～2015 年，超过 50 亿韩元大型工程项目都采用 4D-BIM 技术（3D＋成本管理）；2016 年前，全部公共工程应用 BIM 技术。2010 年 12 月，PPS 发布了《设施管理 BIM 应用指南》，针对设计、施工图设计、施工等阶段中的 BIM 应用进行指导，并于 2012 年 4 月对其进行了更新。

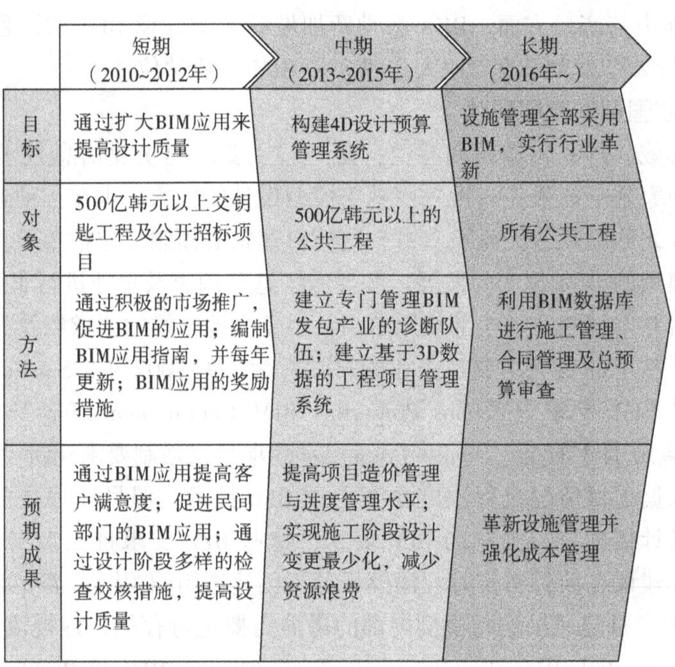

	短期 （2010~2012年）	中期 （2013~2015年）	长期 （2016年~）
目标	通过扩大BIM应用来提高设计质量	构建4D设计预算管理系统	设施管理全部采用BIM，实行行业革新
对象	500亿韩元以上交钥匙工程及公开招标项目	500亿韩元以上的公共工程	所有公共工程
方法	通过积极的市场推广，促进BIM的应用；编制BIM应用指南，并每年更新；BIM应用的奖励措施	建立专门管理BIM发包产业的诊断队伍；建立基于3D数据的工程项目管理系统	利用BIM数据库进行施工管理、合同管理及总预算审查
预期成果	通过BIM应用提高客户满意度；促进民间部门的BIM应用；通过设计阶段多样的检查校核措施，提高设计质量	提高项目造价管理与进度管理水平；实现施工阶段设计变更最少化，减少资源浪费	革新设施管理并强化成本管理

图 1.3-6　BIM 路线图

2010 年 1 月，韩国国土交通海洋部发布了《建筑领域 BIM 应用指南》，该指南为开发商、建筑师和工程师在申请四大行政部门、16 个都市以及 6 个公共机构的项目时，提供采用 BIM 技术时必须注意的方法及要素的指导。指南应该能在公共项目中系统地实施 BIM，同时也为企业建立实用的 BIM 实施标准。

综上所述，BIM 技术在国外的发展情况见表 1.3-1。

表 1.3-1　BIM 技术在国外的发展情况

国　　家	BIM 应用现状
英国	政府明确要求 2016 年前企业实现 3D-BIM 的全面协同
美国	政府自 2003 年起，实行国家级 3D-4D-BIM 计划；自 2007 年起，规定所有重要项目通过 BIM 进行空间规划
韩国	政府计划于 2016 年前实现全部公共工程的 BIM 应用
新加坡	政府成立 BIM 基金；计划于 2015 年前，超过八成建筑业企业广泛应用 BIM
北欧国家	已经孕育 Tekla、Solibri 等主要的建筑业信息技术软件厂商
日本	建筑信息技术软件产业成立国家级国产解决方案软件联盟

1.3.3　BIM 在国内的发展状况

近来 BIM 在国内建筑业形成一股热潮，除了前期软件厂商的大声呼吁外，政府相关单位、各行业协会与专家、设计单位、施工企业、科研院校等也开始重视并推广 BIM。2010年与 2011 年，中国房地产业协会商业地产专业委员会、中国建筑业协会工程建设质量管理分会、中国建筑学会工程管理研究分会、中国土木工程学会计算机应用分会组织并发布了《中国商业地产 BIM 应用研究报告 2010》和《中国工程建设 BIM 应用研究报告 2011》，一定程度上反映了 BIM 在我国工程建设行业的发展现状（图 1.3-7）。根据两届的报告，关于 BIM 的知晓程度从 2010 年的 60% 提升至 2011 年的 87%。2011 年，共有 39% 的单位表示已经使用了 BIM 相关软件，而其中以设计单位居多。

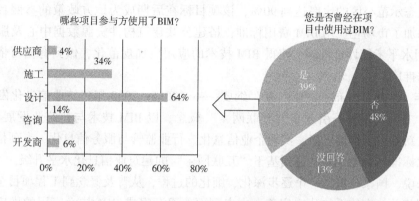

图 1.3-7　BIM 使用调查图

2011 年 5 月，住建部发布的《2011—2015 年建筑业信息化发展纲要》中，明确指出：在施工阶段开展 BIM 技术的研究与应用，推进 BIM 技术从设计阶段向施工阶段的应用延伸，降低信息在传递过程中的衰减；研究基于 BIM 技术的 4D 项目管理信息系统在大型复杂工程施工过程中的应用，实现对建筑工程有效的可视化管理等。加快建筑信息化建设及促进建筑业技术进步和管理水平提升的指导思想，达到普及 BIM 技术概念和应用的目标，使 BIM 技术初步应用到工程项目中去，并通过住建部和各行业协会的引导作用来保障 BIM 技术的推广。这拉开了 BIM 在我国应用的序幕。

2012 年 1 月，住建部《关于印发 2012 年工程建设标准规范制定修订计划的通知》宣告了中国 BIM 标准制定工作的正式启动，其中包含五项 BIM 相关标准：《建筑工程信息模型应用统一标准》《建筑工程信息模型存储标准》《建筑工程设计信息模型交付标准》《建筑工程设计信息模型分类和编码标准》《制造工业工程设计信息模型应用标准》。其中，《建筑工程信息模型应用统一标准》的编制采取"千人千标准"的模式，邀请行业内相关软件厂商、设计院、施工单位、科研院所等近百家单位参与标准研究项目、课题、子课题的研究。至此，工程建设行业的 BIM 热度日益高涨。

2013 年 8 月，住建部发布了《关于征求关于推荐 BIM 技术在建筑领域应用的指导意见（征求意见稿）意见的函》，首次提出了工程项目全生命周期质量安全和工作效率的思想，并要求确保工程建设安全、优质、经济、环保，确立了近期（至 2016 年）和中长期（至 2020 年）的目标，明确指出，2016 年以前政府投资的 2 万 m^2 以上大型公共建筑以及申报绿色建筑项目的设计、施工采用 BIM 技术；截至 2020 年，完善 BIM 技术应用标准、实施指南，形成 BIM 技术应用标准和政策体系。

2014 年，《关于推进建筑业发展和改革的若干意见》再次强调了 BIM 技术在工程设计、施工和运行维护等全过程应用重要性。各地方政府关于 BIM 的讨论与关注更加活跃，上海、北京、广东、山东、陕西等各地区相继出台了各类具体的政策推动和指导 BIM 的应用与发展。

2015 年 6 月，住建部《关于推进建筑信息模型应用的指导意见》中，明确发展目标：

到 2020 年末，建筑行业甲级勘察、设计单位以及特级、一级房屋建筑工程施工企业应掌握并实现 BIM 与企业管理系统和其他信息技术的一体化集成应用。并首次引入全生命周期集成应用 BIM 的项目比率，要求以国有资金投资为主的大中型建筑、申报绿色建筑的公共建筑和绿色生态示范小区的比率达到 90%，该项目目标在后期成为地方政策的参照目标；保障措施方面添加了市场化应用 BIM 费用标准，搭建公共建筑构件资源数据中心及服务平台以及 BIM 应用水平考核评价机制，使得 BIM 技术的应用更加规范化，做到有据可依，不再是空泛的技术推广。

2016 年，住建部发布了"十三五"纲要——《2016—2020 年建筑业信息化发展纲要》，相比于"十二五"纲要，引入了"互联网 +"概念，以 BIM 技术与建筑业发展深度融合，塑造建筑业新业态为指导思想，实现企业信息化、行业监管与服务信息化、专项信息技术应用及信息化标准体系的建立，达到基于"互联网 +"的建筑业信息化水平升级。

总的来说，国家政策是一个逐步深化、细化的过程，从普及概念到工程项目全过程的深度应用再到相关标准体系的建立完善，由点到面，逐渐完成 BIM 技术应用的推广工作，硬性要求应用比率以及和其他信息技术的一体化集成应用，同时开始上升到管理层面，开发集成、协同工作系统及云平台，提出 BIM 的深层次应用价值，如与绿色建筑、装配式及物联网的结合，BIM + 时代到来，使 BIM 技术得以深入到建筑业的各个方面。

1.4 BIM 实施常见问题及建议

BIM 技术作为下一代计算机辅助设计的基础性技术，其重要性毋庸置疑。我国作为目前建设规模最大的国家，有必要着力推进 BIM 技术的应用。但是 BIM 技术的推广应用不如当年 CAD 那么"一呼百应"，原因其实也很简单，就是它不仅仅是一种替换"绘图"的工具，BIM 改变的是设计理念和思维。BIM 是一种设计理念、方法和工具的集成，目前承载这些工具的软件都是国外的产品，本地化程度不高，和国内的一些标准、规范乃至表达形式都有一定的差异，这也是制约 BIM 在国内应用的问题之一。所以，为推动 BIM 技术在我国推广并深入使用，提出如下问题及建议：

（1）关于 BIM 标准　BIM 会推进全球一体化和信息的交流，实现信息交互共享与协同管理，政府和整个建筑行业应该积极参与 BIM 标准的制定，完善建筑业行业体制、机制、规范。同时，在 BIM 实际推广、应用过程中，不仅需要像 IFC 一样的技术数据标准，还需要较高层次的应用标准，例如三维建筑设计标准、施工应用及管理标准等，这样才能更好地满足 BIM 技术的应用需求。

（2）关于 BIM 应用软件　欧美建筑业已经普遍使用 Autodesk Revit 系列、Benetly Building 系列，以及 Graphsoft 的 ArchiCAD 等，而我国对基于 BIM 技术本土软件的开发尚属初级阶段，主要有天正、鸿业、博超等开发的 BIM 核心建模软件，中国建筑科学研究院的 PKPM，上海和北京广联达等开发的造价管理软件等，而对于除此之外的其他 BIM 技术相关软件如 BIM 方案设计软件、与 BIM 接口的几何造型软件、可视化软件、模型检查软件及运营管理软件等的开发基本处于空白。国内一些研究机构和学者对于 BIM 软件的研究和开发在一定程度上推动了我国自主知识产权 BIM 软件的发展，但是都没有从根本上解决此问题。

因此, 全面系统地研究并开发出一整套 BIM 系列软件刻不容缓, 需要整个 BIM 技术的参与者共同努力。

(3) 关于 BIM 应用模式　一方面是技术模式。在 BIM 应用推广过程中, 要先做好基础性准备工作, 整体规划、分步实施。从 BIM 理念、技术培训、普及到企业实践, 从 BIM 类软件的应用到整个基于 BIM 理念的协同工作模式的建立, 从典型项目到推广项目。既不能小打小闹地只在建筑工程的局部环节应用 BIM 技术, 比如利用 BIM 仅停留在建模就与原来的画图没有区别, BIM 最大的价值是在各个领域、各个专业或者说建筑全生命周期的应用。同时还要摒弃"唯 BIM 论", 不能急于求成。BIM 的优势显而易见, 但是 BIM 不是万能的, 它不能解决建筑工程中的所有问题, 要充分结合现有技术和具体工程实践, 找到适合于我国的 BIM 技术应用方法, 从而推进 BIM 技术在我国建筑工程中的应用。另一方面是应用模式。理想的应用模式是逐步建立起 IPD 模式, 把业主、设计方、总承包商和分包商集合在一起, 通过 BIM 技术在建筑工程中能收到很好的效果。但是在我国推广 IPD 模式还要完成很多工作, 主要是因为我国建筑工程发包模式、相关政策及法律法规与国外不尽相同。

(4) 关于 BIM 应用人才　企业如要用好 BIM 技术, 需要建立 BIM 人才队伍, 尤其是 BIM 建模和模型维护人才队伍。BIM 团队的负责人也就是 BIM 技术经理的选择和培养至关重要。BIM 技术经理能够帮助和支持各个项目实施、应用 BIM 技术, 为项目提供 BIM 应用解决方案。项目团队负责人如果对 BIM 理解及应用过程没有深刻的认识和正确的判断, 就无法得出恰当的执行方案, 容易出现决策上的失误, 直接导致公司决策层及项目团队设计人员对 BIM 的误解。

(5) 关于 BIM 市场认知　不仅要让更多的政府职能部门、业主、企业从他们各自的角度来推动 BIM 的发展, 更要创造一种互利共赢的局面。同时, 政府和行业还应积极针对 BIM 技术制定或推荐新的设计和施工技术标准以及项目管理规范。目前在我国市场, 软件公司 (包括相关的软件销售公司) 关注的是销售、市场份额, 对产品配合实际项目应用及后续服务并不热衷, 设计公司在实际应用中常常处于孤立无援的境地。所以, 我们需要专业的咨询公司提供 BIM 技术支持和管理服务, 他们的客户是业主和设计单位, 然后针对不同的工程项目, 提出 BIM 一体化解决方案。

课 后 习 题

一、单项选择题

1. 下列强制要求在建筑领域使用 BIM 技术的国家是 (　　)。
   A. 美国　　　　　　B. 英国　　　　　　C. 日本　　　　　　D. 韩国

2. 下列对 BIM 的含义理解不正确的是 (　　)。
   A. BIM 是以三维数字技术为基础, 集成了建筑工程项目各种相关信息的工程数据模型, 是对工程项目设施实体与功能特性的数字化表达
   B. BIM 是一个完善的信息模型, 能够连接建筑项目生命期不同阶段的数据、过程和资源, 是对工程对象的完整描述, 提供可自动计算、查询、组合拆分的实时工程数据, 可被建设项目各参与方普遍使用
   C. BIM 具有单一工程数据源, 可解决分布式、异构工程数据之间的一致性和全局共

享问题，支持建设项目生命期中动态的工程信息创建、管理和共享，是项目实时的共享数据平台

    D. BIM 技术是一种仅限于三维的模型信息集成技术，可以使各参与方在项目从概念产生到完全拆除的整个生命周期内都能够在模型中操作信息和在信息中操作模型

3. 2016 年，住建部发布了"十三五"纲要——《2016—2020 年建筑业信息化发展纲要》，相比于"十二五"纲要，引入了（   ）概念，以 BIM 技术与建筑业发展深度融合，塑造建筑业新业态为指导思想，实现企业信息化、行业监管与服务信息化、专项信息技术应用及信息化标准体系的建立，达到建筑业信息化水平升级。

    A. BIM +   B. 互联网 +   C. 建筑工业 +   D. 装配式 +

4. 四维是在三维的基础上添加了（   ）信息。

    A. 时间   B. 空间   C. 状态   D. 速度

5. （   ）是一个包含各种建设项目设计、施工、运营各个阶段所需要的全部信息的一种基于对象的、公开的标准文件交换格式。

    A. CDE   B. IFC   C. GSL   D. IDM

6. 下列不属于建筑物性能分析仿真的内容的是（   ）。

    A. 能耗分析   B. 设备分析   C. 绿色分析   D. 结构分析

7. 以下说法不正确的是（   ）。

    A. 设计协调指的是通过 BIM 三维可视化控件及程序自动检测，可对建筑物内机电管线和设备进行直观布置模拟安装，检查是否碰撞，找出问题所在及冲突矛盾之处

    B. 整体进度规划协调指的是基于 BIM 技术，对施工进度进行模拟，同时根据最前线的经验和知识进行调整，直接跳过施工前期的技术准备时间，达到加快施工进度的目的

    C. 成本预算、工程量估算协调指的是应用 BIM 技术可以为造价工程师提供各设计阶段准确的工程量、设计参数和工程参数，这些工程量和参数与技术经济指标结合，可以计算出准确的估算、概算，再运用价值工程和限额设计等手段对设计成果进行优化

    D. 运维协调主要包括空间协调、设施协调、隐蔽工程协调、应急管理协调等方面

8. 以下说法不正确的是（   ）。

    A. 一体化指的是基于 BIM 技术可进行从设计到施工再到运营贯穿了工程项目的全生命周期的一体化管理

    B. 参数化建模指的是通过数字（常量）建立和分析模型，简单地改变模型中的数值就能建立和分析新的模型

    C. 信息完备性体现在 BIM 技术可对工程对象进行 3D 几何信息和拓扑关系的描述以及完整的工程信息描述

    D. BIM 及与其配套的各种优化工具提供了对复杂项目进行优化的可能，把项目设计和投资回报分析结合起来，计算出设计变化对投资回报的影响，可以带来显著的工期和造价改进

9. 以下说法不正确的是（   ）。

    A. 运用 BIM 技术，除了能够进行建筑平、立、剖及详图的输出外，还可以出碰撞报告及构件加工图等

B. 建筑与设备专业的碰撞主要包括建筑与结构图样中的标高、柱、剪力墙等的位置是否不一致等

C. 基于 BIM 模型可调整解决管线空间布局问题如机房过道狭小、各管线交叉等问题

D. 借助工厂化、机械化的生产方式，将 BIM 信息数据输入设备，就可以实现机械的自动化生产，这种数字化建造的方式可以大大提高工作效率和生产质量

10. 通过 BIM 三维可视化控件及程序自动检测，可对建筑物内机电管线和设备进行直观布置模拟安装，检查是否碰撞，找出问题所在及冲突矛盾之处，从而提升设计质量，减少后期修改，降低成本及风险。上述特性指的是（　　　）。

    A. 设计协调　　　　　　　　　　　　B. 整体进度规划协调

    C. 成本预算、工程量估算协调　　　　D. 运维协调

二、多项选择题

1. 下列选项属于 BIM 技术的特点的是（　　　）。

    A. 可视化　　　　B. 参数化　　　　C. 一体化　　　　D. 仿真性

2. Levels 表示 BIM 等级从不同阶段到完全合作被认可的里程碑阶段的过程，是 BIM 成熟度的划分。以下说法正确的是（　　　）。

    A. Level0，没有合作，只有二维的 CAD 图样，通过纸张和电子文本输出结果

    B. Level1，含有一点三维 CAD 的概念设计工作，法定批准文件和生产信息都是 2D 图输出。不同学科之间没有合作，每个参与者只含有他自己的数据

    C. Level2，所有学科整合性合作，使用一个在 CDE 环境中的共享性的项目模型。各参与方都可以访问和修改同一个模型，解决了最后一层信息冲突的风险，这就是所谓的 "Open BIM"

    D. Level3，合作性工作，所有参与方都使用他们自己的 3D CAD 模型，设计信息共享是通过普通文件格式（common file format）。各个组织都能将共享数据和自己的数据结合，从而发现矛盾。因此各方使用的 CAD 软件必须能够以普通文件格式输出

3. BIM 技术的可视化体现在（　　　）方面。

    A. 设计可视化　　　　　　　　　　　B. 施工组织可视化

    C. 设备可操作性可视化　　　　　　　D. 机电管线碰撞检查可视化

4. 项目全生命周期主要包括（　　　）。

    A. 规划和计划阶段　　　　　　　　　B. 设计阶段

    C. 施工阶段　　　　　　　　　　　　D. 项目交付和试运行阶段

5. BIM 的参数化设计包含（　　　）几个部分。

    A. 参数化图元　　　　　　　　　　　B. 参数化操作

    C. 参数化修改引擎　　　　　　　　　D. 参数化提取数据

参考答案

一、单项选择题

1. B　　2. D　　3. B　　4. A　　5. B　　6. D　　7. B　　8. B　　9. B　　10. A

二、多项选择题

1. ABCD　　2. AB　　3. ABCD　　4. ABCD　　5. AC

第2章 BIM软件、建模格式与精度

导读：本章主要对 BIM 应用软件，BIM 建模过程与精度做出全面系统地介绍。首先介绍了 BIM 应用软件框架体系，对 BIM 应用软件进行了分类。接下来具体介绍了 BIM 建模过程与模型精度，引入 LOD 的概念，介绍了 LOD 各等级划分标准。

2.1 BIM 应用软件

2.1.1 BIM 应用软件的分类

BIM 应用软件是指基于 BIM 技术的应用软件，即支持 BIM 技术应用的软件。一般来讲，它应该具备以下四个特征，即面向对象、基于三维几何模型、包含其他信息和支持开放式标准。

伊士曼（Eastman）等将 BIM 应用软件按其功能分为三大类，即 BIM 环境软件、BIM 平台软件和 BIM 工具软件。在本书中，我们习惯将其分为 BIM 基础软件、BIM 工具软件和 BIM 平台软件。

1. BIM 基础软件

BIM 基础软件是指可用于建立能为多个 BIM 应用软件所使用的 BIM 数据的软件。例如，基于 BIM 技术的建筑设计软件可用于建立建筑设计 BIM 数据，且该数据能被用在基于 BIM 技术的能耗分析软件、日照分析软件等 BIM 应用软件中。除此以外，基于 BIM 技术的结构设计软件及设备设计（MEP）软件也包含在这一大类中。目前实际过程中使用的这类软件的例子，如美国 Autodesk 公司的 Revit 软件，其中包含了建筑设计软件、结构设计软件及 MEP 设计软件；匈牙利 Graphisoft 公司的 ArchiCAD 软件等。

2. BIM 工具软件

BIM 工具软件是指利用 BIM 基础软件提供的 BIM 数据，开展各种工作的应用软件。例如，利用建筑设计 BIM 数据，进行能耗分析的软件、进行日照分析的软件、生成二维图样的软件等。目前实际过程中使用这类软件的例子，如美国 Autodesk 公司的 Ecotect 软件，我国的软件厂商开发的基于 BIM 技术的成本预算软件等。有的 BIM 基础软件除了提供用于建模的功能外，还提供了其他一些功能，所以本身也是 BIM 工具软件。例如，上述 Revit 软件还提供了生成二维图样等功能，所以它既是 BIM 基础软件，也是 BIM 工具软件。

3. BIM 平台软件

BIM 平台软件是指能对各类 BIM 基础软件及 BIM 工具软件产生的 BIM 数据进行有效的管理，以便支持建筑全生命周期 BIM 数据的共享应用的应用软件。该类软件一般为基于 Web 的应用软件，能够支持工程项目各参与方及各专业工作人员之间通过网络高效地共享信息。目前实际过程中使用这类软件的例子，如美国 Autodesk 公司 2012 年推出的 BIM 360 软件。该软件作为 BIM 平台软件，包含一系列基于云的服务，支持基于 BIM 的模型协调和智能对象数据交换。又如匈牙利 Graphisoft 公司的 Delta Server 软件，也提供了类似功能。

当然，各大类 BIM 应用软件还可以再细分。例如，BIM 工具软件可以再细分为基于 BIM 技术的结构分析软件、基于 BIM 技术的能耗分析软件、基于 BIM 技术的日照分析软件、基于 BIM 的工程量计算软件等。

2.1.2 现行 BIM 应用软件分类框架

针对建筑全生命周期中 BIM 技术的应用，以软件公司提出的现行 BIM 应用软件分类框架为例做具体说明（如图 2.1-1 所示）。图中包含的应用软件类别的名称，绝大多数是传统的非 BIM 应用软件已有的，例如，建筑设计软件、算量软件、钢筋翻样软件等。这些类别的应用软件与传统的非 BIM 应用软件所不同的是，它们均是基于 BIM 技术的。另外，有的应用软件类别的名称与传统的非 BIM 应用软件根本不同，包括 4D 进度管理软件、5D BIM 施工管理软件和 BIM 模型服务器软件。

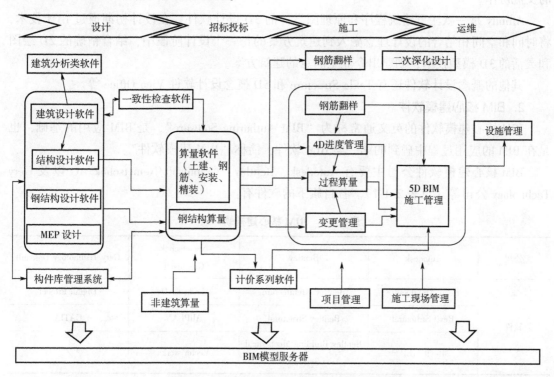

图 2.1-1 现行 BIM 应用软件分类框架图

其中，4D 进度管理软件是在三维几何模型上，附加施工时间信息（例如，某结构构件的施工时间为某时间段）形成 4D 模型，进行施工进度管理。这样可以直观地展示随着施工时间三维模型的变化，用于更直观地展示施工进程，从而更好地辅助施工进度管理。5D BIM 施工管理软件则是在 4D 模型的基础上，增加成本信息（例如，某结构构件的建造成本），进行更全面的施工管理。这样一来，施工管理者就可以方便地获得随着施工过程，项目对包括资金在内施工资源的动态需求，从而可以更好地进行资金计划、分包管理等工作，以确保施工过程的顺利进行。BIM 模型服务器软件即是上述提到的 BIM 平台软件，用于进行 BIM 数据的管理。

2.1.3　BIM 模型创建软件

1. BIM 概念设计软件

BIM 概念设计软件用在设计初期，是在充分理解业主设计任务书和分析业主的具体要求及方案意图的基础上，将业主设计任务书里面基于数字的项目要求转化成基于几何形体的建筑方案，此方案用于业主和设计师之间的沟通和方案研究论证。论证后的成果可以转换到 BIM 核心建模软件里面进行设计深化，并继续验证所设计的方案能否满足业主的要求。目前主要的 BIM 概念软件有 SketchUp Pro 和 Affinity 等。

SketchUp 是诞生于 2000 年 3D 的设计软件，因其上手快速、操作简单而被誉为电子设计中的"铅笔"。2006 年推出了更为专业的版本 SketchUp Pro，它能够快速创建精确的 3D 建筑模型，为业主和设计师提供设计、施工验证和流线，角度分析，方便业主与设计师之间的交流协作。

Affinity 是一款注重建筑程序和原理图设计的 3D 设计软件，在设计初期通过 BIM 技术，将时间和空间相结合的设计理念融入到建筑方案的每一个设计阶段中，结合精确的 2D 绘图和灵活的 3D 模型技术，创建出令业主满意的建筑方案。

其他的概念设计软件还有 Tekla Structure 和 5D 概念设计软件 Vico Office 等。

2. BIM 核心建模软件

BIM 核心建模软件的英文通常称为"BIM Authoring Software"，是 BIM 应用的基础，也是在 BIM 的应用过程中碰到的第一类 BIM 软件，简称"BIM 建模软件"。

BIM 核心建模软件公司主要有 Autodesk、Bentley、Graphisoft/Nemetschek AG 以及 Gery Technology 公司等（见表 2.1-1）。各自旗下的软件有：

表 2.1-1　BIM 核心建模软件表

公司	Autodesk	Bentley	Nemetschek Graphisoft	Gery Technology Dassault
软件	Revit Architecture	Bentley Architecture	Archi CAD	Digital Project
	Revit Structural	Bentley Structural	AllPLAN	CATIA
	Revit MEP	Bentley Building Mechanical Systems	Vector works	/

1）Autodesk 公司的 Revit 是运用不同的代码库及文件结构区别于 AutoCAD 的独立软件平台。Revit 采用全面创新的 BIM 概念，可进行自由形状建模和参数化设计，并且还能够对早期设计进行分析。借助这些功能可以自由绘制草图，快速创建三维形状，交互地处理各个形状。可以利用内置的工具进行复杂形状的概念澄清，为建造和施工准备模型。随着设计的持续推进，软件能够围绕最复杂的形状自动构建参数化框架，提供更高的创建控制能力、精

确性和灵活性。从概念模型到施工文档的整个设计流程都在一个直观环境中完成。并且该软件还包含了绿色建筑可扩展标记语言模式（Green Building XML，即 gbXML），为能耗模拟、荷载分析等提供了工程分析工具，并且与结构分析软件 ROBOT、RISA 等具有互用性，与此同时，Revit 还能利用其他概念设计软件、建模软件（如 Sketch-up）等导出的 DXF 文件格式的模型或图样输出为 BIM 模型。

2）Bentley 公司的 Bentley Architecture 是集直觉式用户体验交互界面、概念及方案设计功能、灵活便捷的 2D/3D 工作流建模及制图工具、宽泛的数据组及标准组件库定制技术于一身的 BIM 建模软件，是 BIM 应用程序集成套件的一部分，可针对设施的整个生命周期提供设计、工程管理、分析、施工与运营之间的无缝集成。在设计过程中，不但能让建筑师直接使用许多国际或地区性的工程业界的规范标准进行工作，更能通过简单的自定义或扩充，以满足实际工作中不同项目的需求，让建筑师能拥有进行项目设计、文件管理及展现设计所需的所有工具。目前在一些大型复杂的建筑项目、基础设施和工业项目中应用广泛。

3）ArchiCAD 是 Graphisoft 公司的产品，其基于全三维的模型设计，拥有强大的平、立、剖面施工图设计、参数计算等自动生成功能，以及便捷的方案演示和图形渲染，为建筑师提供了一个无与伦比的"所见即所得"的图形设计工具。它的工作流是集中的，其他软件同样可以参与虚拟建筑数据的创建和分析。ArchiCAD 拥有开放的架构并支持 IFC 标准，它可以轻松地与多种软件连接并协同工作。以 ArchiCAD 为基础的建筑方案可以广泛地利用虚拟建筑数据并覆盖建筑工作流程的各个方面。作为一个面向全球市场的产品，ArchiCAD 可以说是最早的一个具有市场影响力的 BIM 核心建模软件之一。

4）Digital Project 是 Gery Technology 公司在 CATIA 基础上开发的一个面向工程建设行业的应用软件（二次开发软件），它能够设计任何几何造型的模型且支持导入特制的复杂参数模型构件，如支持基于规则的设计复核的 Knowledge Expert 构件；根据所需功能要求优化参数设计的 Project Engineer-ing Optimizer 构件；跟踪管理模型的 Project Man-ager 构件。另外，Digital Project 软件支持强大的应用程序接口；对于建立了本国建筑业建设工程项目编码体系的许多发达国家，如美国、加拿大等，可以将建设工程项目编码如美国所采用的 Uniformat 和 Mas-terformat 体系导入 Digital Project 软件，以方便工程预算。

因此，对于一个项目或企业 BIM 核心建模软件技术路线的确定，可以考虑如下基本原则：

1）民用建筑可选用 Autodesk Revit。

2）工厂设计和基础设施可选用 Bentley。

3）单专业建筑可选择 ArchiCAD、Revit、Bentley。

4）项目完全异形、预算比较充裕的可以选择 Digital Project。

2.1.4　BIM 工具软件

BIM 工具软件是 BIM 软件的重要组成部分，常见 BIM 工具软件的初步分类如图 2.1-2 所示，常见 BIM 工具软件的举例见表 2.1-2。

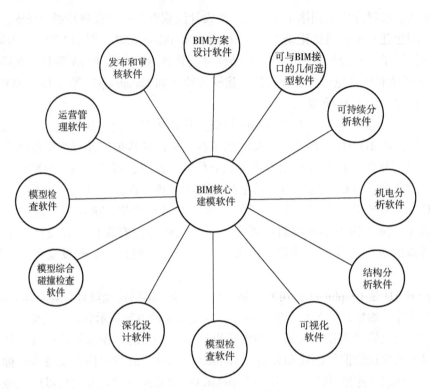

图 2.1-2　BIM 工具软件分类图

表 2.1-2　常见 BIM 工具软件的举例

BIM 核心建模软件	常见 BIM 工具软件	功　能
BIM 方案设计软件	Onuma Planning System，Affinity	把业主设计任务书里面基于数字的项目要求转化成基于几何形体的建筑方案
BIM 接口的几何造型软件	Sketchup，Rhino，FormZ	其成果可以作为 BIM 核心建模软件的输入
BIM 可持续（绿色）分析软件	Ecotect，IES，Green Building Studio，PKPM	利用 BIM 模型的信息对项目进行日照、风环境、热工、噪声等方面的分析
BIM 机电分析软件	Designmaster，IES，Virtual Environment，Trane Trace	
BIM 结构分析软件	ETABS，STAAD，Robot PKPM	结构分析软件和 BIM 核心建模软件两者之间可以实现双向信息交换
BIM 可视化软件	3DS Max，Artlantis，AccuRender，Lightscape	减少建模工作量、提高精度与设计（实物）的吻合度、可快速产生可视化效果
二维绘图软件	AutoCAD、Microstation	配合现阶段 BIM 软件的直接输出还不能满足市场对施工图的要求
BIM 发布审核软件	Autodesk Design Review，Adobe PDF Adobe 3D PDF	把 BIM 成果发布成静态的、轻型的等供参与方进行审核或利用
BIM 模型检查软件	Navisworks，Projectwise，Navigator，Solibri Model Checker	用来检查模型本身的质量和完整性

（续）

BIM 核心建模软件	常见 BIM 工具软件	功　能
BIM 深化设计软件	Xsteel	检查冲突与碰撞，模拟分析施工过程，评估建造是否可行，优化施工进度，三维漫游等
BIM 造价管理软件	Innovaya，Solibri，鲁班软件	利用 BIM 模型提供的信息进行工程量统计和造价分析
协同平台软件	ProjectWise，FTPSites	将项目全生命周期中的所有信息进行集中、有效的管理，提升工作效率及生产力
BIM 运营管理软件	ArchiBUS	提高工作场所利用率，建立空间使用标准和基准，建立和谐的内部关系，减少纷争

2.2　BIM 建模过程与精度

2.2.1　BIM 建模过程

1. 建立网格及楼层线

建筑师绘制建筑设计图、施工图时，网格以及楼层为其重要的依据，放样、柱位判断皆须依赖网格才能让现场施作人员找到基地上的正确位置。楼层线则为表达楼层高度的依据，同时也描述了梁位置、墙高度以及楼板位置，建筑师的设计大多将楼板与梁设计在楼层线以下，而墙则位于梁或楼板的下方。若没有楼层线，现场施工人员对于梁位置、楼板位置以及墙高度的判断会很困难。因此在绘图的第一步，即为在图面上建立网格以及楼层线。

2. 导入 CAD 文档

将 CAD 文件导入软件可方便下一步骤建立柱梁板墙时，可直接点选图面或按图绘制。导入 CAD 时应注意单位以及网格线是否与 CAD 图相符。

3. 建立柱梁板墙等组件

将柱、梁、板、墙等构件依图面放置到模型上，依构件的不同类型选取相符的形式进行绘制工作。柱与梁应依其位置放置在网格线上，为日后如果有梁柱位置移动时，方便一并修正。柱与梁建构完成后，即可绘制楼板、墙、楼梯、门、窗与栏杆等组件。

4. 彩现

彩现图为可视化沟通的重要工具，建筑师与业主讨论其设计时，利用三维模型可与业主讨论建物外形、空间意象以及建筑师的设计是否达成业主需求等功能。然而三维模型在建构时，常因为了减低计算机资源消耗以及模型控制的便利，而采用较为简易的示意方式，并无表示实际材质于三维模型上。建筑信息模型可于三维模型上贴附材质，虽在绘图模型时并未显示，但可由其彩现功能，计算表面材质与光影变化，对于业主来说，更能清楚地了解建案的建筑外观。

5. 输出成 CAD 图与明细表

目前在新加坡等 BIM 应用较早的国家，其建管单位已经能接受建筑师缴交三维建筑信息模型作为审图的依据，然而在国内并无类似制度，建筑师缴交资料给予建管单位审核时，仍以传统图样或 CAD 图为主，因此建筑信息模型是否能够输出成 CAD 图使用，则是重要的一环。三维建筑信息模型除各式图面外，也能输出数量计算表，方便设计者数量计算。日后倘若发生变更设计时，数量明细表也能自动改变。

2.2.2 BIM 建模精度

模型的细致程度，英文称为 Level of Details，也称为 Level of Development。描述了一个 BIM 模型构件单元从最低级的近似概念化的程度发展到最高级的演示级精度的步骤。美国建筑师协会（AIA）为了规范 BIM 参与各方及项目各阶段的界限，在其 2008 年的文档 E202 中定义了 LOD 的概念。这些定义可以根据模型的具体用途进行进一步的发展。

LOD 的定义可以用于两种途径：确定模型阶段输出结果（Phase Outcomes）以及分配建模任务（Task Assignments）。

1. 模型阶段输出结果（Phase Outcomes）

随着设计的进行，不同的模型构件单元会以不同的速度从一个 LOD 等级提升到下一个等级。例如，在传统的项目设计中，大多数的构件单元在施工图设计阶段完成时需要达到 LOD300 的等级，同时在施工阶段中的深化施工图设计阶段大多数构件单元会达到 LOD400 的等级。但是有一些单元，例如墙面粉刷，永远不会超过 LOD100 的层次。即粉刷层实际上是不需要建模的，它的造价以及其他属性都附着于相应的墙体中。

2. 分配建模（Task Assignments）

在三维表现之外，一个 BIM 模型构件单元能包含非常大量的信息，这个信息可能是多方来提供。例如，一面三维的墙体或许是建筑师创建的，但是总承包方要提供造价信息，暖通空调工程师要提供 U 值和保温层信息，隔声承包商要提供隔声值的信息，等等。为了解决信息输入多样性的问题，美国建筑师协会文件委员会提出了"模型单元作者"（MCA）的概念，该作者需要负责创建三维构件单元，但是并不一定需要为该构件单元添加其他非本专业的信息。

从概念设计到竣工设计，LOD 被定义为 5 个等级，分别为 LOD100 到 LOD500。

在 BIM 实际应用中，我们的首要任务就是根据项目的不同阶段以及项目的具体目的来确定 LOD 的等级，根据不同等级所概括的模型精度要求来确定建模精度。可以说，LOD 做到了让 BIM 应用有据可循。当然，在实际应用中，根据项目具体目的的不同，LOD 也不用生搬硬套，适当的调整也是无可厚非的。

2.2.3 LOD 各等级划分

LOD 被定义为 5 个等级，从概念设计到竣工设计，已经足够来定义整个模型过程。但是，为了给未来可能会插入的等级预留空间，定义 LOD 为 100 到 500。具体的等级如下：

LOD 100-Conceptual 概念化。该等级等同于概念设计，此阶段的模型通常为表现建筑整体类型分析的建筑体量，分析包括体积，建筑朝向，每平方米造价等，如图 2.2-1 所示。

LOD 200-Approximate geometry 近似构件（方案及扩初）。该等级等同于方案设计或扩初设计，此阶段的模型包含了普遍性系统包括的大致数量、大小、形状、位置以及方向等信息，如图 2.2-2 所示。LOD 200 模型通常用于一般性表现目的及系统分析。

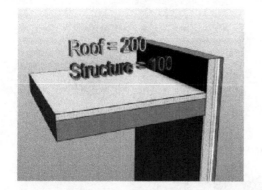

图 2.2-1 LOD 100

图 2.2-2 LOD 200

LOD 300-Precise geometry 精确构件（施工图及深化施工图）。该等级等同于传统施工图和深化施工图层次。此阶段模型应当包括业主在 BIM 提交标准里规定的构件属性和参数等信息，模型已经能够很好地用于成本估算以及施工协调（包括碰撞检查、施工进度计划以及可视化），如图 2.2-3 所示。

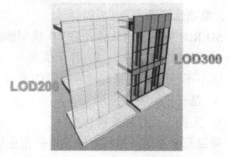

图 2.2-3 LOD 300

LOD 400-Fabrication 加工。此阶段的模型可以用于模型单元的加工和安装，如被专门的承包商和制造商用于加工和制造项目构件，如图 2.2-4 所示。

LOD 500-As-built 竣工。该阶段的模型表现了项目竣工的情形。模型将包含业主在 BIM 提交说明里制定的完整的构件参数和属性。模型将作为中心数据库整合到建筑运营和维护系统中去。

在 BIM 实际应用中，我们的首要任务就是

图 2.2-4 LOD 400

根据项目的不同阶段以及项目的具体目的来确定 LOD 的等级，根据不同等级所概括的模型精度要求来确定建模精度。可以说，LOD 让 BIM 应用有据可循。当然，在实际应用中，根据项目具体目的的不同，可对 LOD 进行适当的调整。LOD 在各阶段的发展如图 2.2-5 所示。

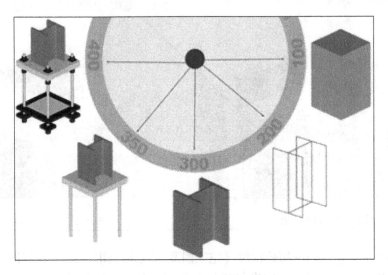

图 2.2-5　LOD 在各阶段的发展

课 后 习 题

一、单项选择题

1. 5D BIM 施工管理软件是在 4D 模型的基础上，附加施工的（　　）。
    A. 时间信息　　　　B. 几何信息　　　　C. 成本信息　　　　D. 三维图样信息

2. 以下不属于 BIM 基础软件特征的是（　　）。
    A. 基于三维图形技术　　　　　　　　B. 支持常见建筑构件库
    C. 支持三维数据交换标准　　　　　　D. 支持二次开发

3. 项目完全异形、预算比较充裕的企业可优先考虑选择（　　）作为 BIM 建模软件。
    A. Revit　　　　　　B. Bentley　　　　　C. Archi CAD　　　　D. Digital Project

4. 下面不是 BIM 建模软件初选应考虑的因素的是（　　）。
    A. 建模软件是否符合企业的整体发展战略规划
    B. 建模软件对企业业务带来的收益可能产生的影响
    C. 建模软件部署实施的成本和投资回报率估算
    D. 建模软件是否容易维护以及可扩展使用

5. 下面属于 BIM 深化设计软件的是（　　）。
    A. Xsteel　　　　　B. Sketchup　　　　C. Rhino　　　　　D. AutoCAD

6. 下列软件可利用 BIM 模型的信息对项目进行日照、风环境、热工、景观可视度、噪声等方面的分析的是（　　）。
    A. BIM 核心建模软件　　　　　　　　B. BIM 可持续（绿色）分析软件
    C. BIM 深化设计软件　　　　　　　　D. BIM 结构分析软件

7. 下面属于"软碰撞"的是（　　　）。

    A. 设备与室内装修冲突　　　　　　　　B. 缺陷检测

    C. 结构与机电预留预埋冲突　　　　　　D. 建筑与结构标高冲突

8. 下列选项中（　　　）能够描述一个 BIM 模型构件单元从最低级的近似概念化的程度发展到最高级的演示级精度的步骤。

    A. IFC　　　　　　　B. LOD　　　　　　　C. LOA　　　　　　D. Level10

9. 建筑工程信息模型精细度分为（　　　）个等级。

    A. 3　　　　　　　　B. 4　　　　　　　　C. 5　　　　　　　　D. 6

10. （　　　）等同于方案设计或扩初设计，此阶段的模型包含普遍性系统包括大致的数量、大小、形状、位置以及方向。

    A. LOD 100　　　　B. LOD 200　　　　C. LOD 300　　　　D. LOD 400

二、多项选择题

1. BIM 应用软件具有的特征有（　　　）。

    A. 面向对象　　　　　　　　　　　　　B. 基于三维几何模型

    C. 包含其他信息　　　　　　　　　　　D. 支持开放式标准

2. 伊士曼（Eastman）将 BIM 应用软件按其功能分为三大类，分别为（　　　）。

    A. BIM 环境软件　　　B. BIM 平台软件　　　C. BIM 工具软件　　　D. BIM 建模软件

3. 下面属于几何造型软件的有（　　　）。

    A. Sketchup　　　　　B. Rhino　　　　　　C. Formz　　　　　　D. PKPM

4. 建筑工程信息模型的信息应包含的类型有（　　　）。

    A. 几何信息　　　　　B. 非几何信息　　　　C. 属性信息　　　　D. 非属性信息

    E. 时间信息

5. LOD 的定义可以通过的途径有（　　　）。

    A. 模型阶段输出结果　　　　　　　　　B. 任务分配

    C. 模型精度确定　　　　　　　　　　　D. LOD 等级划分

6. 以下属于 BIM 建模过程的是（　　　）。

    A. 建立网格及楼层线　　　　　　　　　B. 导入 CAD 文档

    C. 建立柱梁板墙等组件　　　　　　　　D. 输出成 CAD 图与明细表

参 考 答 案

一、单项选择题

1. C　　2. D　　3. D　　4. D　　5. A　　6. B　　7. B　　8. B　　9. C　　10. B

二、多项选择题

1. ABCD　　2. ABC　　3. ABC　　4. AB　　5. AB　　6. ABCD

第**3**章 BIM总体及各阶段实施计划

导读：本章主要介绍了 BIM 总体实施计划，各阶段实施计划方案，项目全过程数据提供。首先通过明确项目 BIM 需求，编制 BIM 实施计划，基于 BIM 的过程管理，项目完结与后评价几个方面进行 BIM 的总体实施计划；然后对项目的前期调研以及建模与工程量计算阶段进行了重点阐述；最后从 BPR 业务流程重组、数据系统部署、BIM 模型维护、碰撞检查、现场服务对项目全过程数据提供进行介绍。

3.1 BIM 总体实施计划

3.1.1 明确项目 BIM 需求

每个项目都有五种典型的利益相关者，项目发起人、项目客户、项目经理、项目团队、项目相关职能部门的负责人，他们应该对项目承担责任。所以，在应用 BIM 技术进行项目管理时，需明确自身在管理过程中的需求，并结合 BIM 本身特点来确定项目管理的服务目标。这些 BIM 目标必须是具体的、可衡量的，并且能够促进建设项目的规划、设计、施工和运营成功。

3.1.2 编制 BIM 实施计划

1. 实施目标

企业在应用 BIM 技术进行项目管理时，需明确自身在管理过程中的目标，并结合 BIM 本身特点确定 BIM 辅助项目管理的服务目标，比如提升项目的品质（声、光、热、湿等）、降低项目成本（须具体化）、节省运行能耗（须具体化）、系统环保运行等。

为完成 BIM 应用目标，各企业应紧随建筑行业技术发展步伐，结合自身在建筑领域的优势，确立 BIM 技术应用的战略思想。比如，某施工单位制定了"提升建筑整体建造水平、实现建筑全生命周期精细化动态管理"的 BIM 应用目标，据此确立了"以 BIM 技术解决技术问题为先导，通过 BIM 技术严格管控施工流程，全面提升精细化管理"的 BIM 技术应用思路。

2. 组织机构

在项目建设过程中需要有效地将各种专业人才的技术和经验进行整合，将他们各自的优势、长处、经验得到充分的发挥以满足项目管理的需要，提高管理工作的成效。为更好地完成项目 BIM 应用目标，响应企业 BIM 应用战略思想，需要结合企业现状及应用需求，先组建能够应用 BIM 技术为项目提高工作质量和效率的项目级 BIM 团队，进而建立企业级 BIM

技术中心，以负责 BIM 知识管理、标准与模板、构件库的开发与维护、技术支持、数据存档管理、项目协调、质量控制等。

3. 进度计划（以施工为例）

为了充分配合工程，实际应用将根据工程施工进度设计 BIM 应用方案。主要节点为：

1）投标阶段初步完成基础模型建立，厂区模拟，应用规划，管理规划。

2）中标进场前初步制定本项目 BIM 实施导则、交底方案，完成项目 BIM 标准大纲。

3）人员进场前针对性进行 BIM 技能培训，实现各专业管理人员掌握 BIM 技能。

4）确保各施工节点前一个月完成专项 BIM 模型，并初步完成方案会审。

5）各专业分包投标前 1 个月完成分包所负责部分模型工作，用于工程量分析，招标准备。

6）各专项工作结束后一个月完成竣工模型以及相应信息的三维交付。

7）工程整体竣工后针对物业进行三维数据交付。

详细应用节点计划图如图 3.1-1 所示。

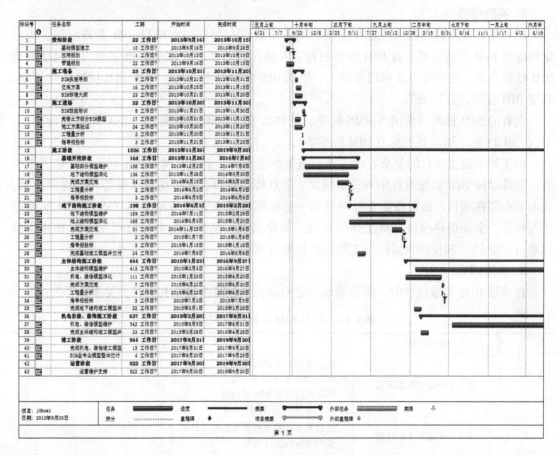

图 3.1-1　详细应用节点计划图

4. 资源配置

（1）软件配置计划　BIM 工作覆盖面大，应用点多。因此任何单一的软件工具都无法全面支持。需要根据我们的实施经验，拟定采用合适的软件作为项目的主要模型工具，并自主开发或购买成熟的 BIM 协同平台作为管理依托，软件应用举例见表 3.1-1。

表 3.1-1　软件应用举例

	实施目标	应用工具举例
1	全专业模型的建立	Revit 系列、Bentley 系列、AchiCAD、Digital Project
2	模型的整理及数据的应用	Revit 系列、PKPM、ETABS、ROBOT
3	碰撞检查	Revit 系列、Navisworks Manage
4	管综优化设计	Revit 系列、Navisworks Manage
5	4D 施工模拟	Navisworks Manage、Project Wise Navigator Visula Simulation、Synchro
6	钢结构深化	Revit Structure、钢筋放样、Tekla Structure

（2）硬件配置计划　BIM 模型带有庞大的信息数据，因此，在 BIM 实施的硬件配置上也要有严格的要求。结合项目需求及成本，根据不同的使用用途和方向，对硬件配置进行分级设置，最大程度保证硬件设备在 BIM 实施过程中的正常运转，最大限度地有效控制成本。

5. 实施标准

BIM 是一种新兴的技术，贯穿在项目的各个阶段与层面。在项目 BIM 实施前期，应制定相应的 BIM 实施标准，对 BIM 模型的建立及应用进行规划，实施标准主要内容包括明确 BIM 建模专业、明确各专业部门负责人、明确 BIM 团队任务分配、明确 BIM 团队工作计划、制定 BIM 模型建立标准等。

现有的 BIM 标准有美国 NBIMS 标准、新加坡 BIM 指南、英国 Autodesk BIM 设计标准、中国 CBIMS 标准以及各类地方 BIM 标准等。

由于每个施工项目的复杂程度不同、施工办法不同、企业管理模式不同，仅仅依照单一的标准难以使 BIM 实施过程中的模型精度、信息传递接口、附带信息参数等内容保持一致，企业有必要在项目开始阶段建立针对性强、目标明确的企业级乃至于项目级的 BIM 实施办法与标准，全面指导项目 BIM 工作的开展。如北京建工集团有限责任公司发布的 BIM 实施标准（企业级）和长沙世贸广场工程项目标准（项目级）。

6. 保障措施

在项目 BIM 实施过程中，需要采取一定的措施来保障项目顺利进行，见表 3.1-2。

表 3.1-2　项目 BIM 实施的保障措施

	保障措施	具体内容
1	建立系统运行保障体系	成立总包 BIM 执行小组 成立 BIM 系统领导小组 职能部门设置 BIM 对口成员 成立总包分包联合团队等
2	建立系统运行工作计划	编制 BIM 建模及模型数据提交计划 编制碰撞检查计划等
3	建立系统运行例会制度	BIM 系统联合团队成员定期开会 总包 BIM 系统执行小组定期开会 BIM 系统联合团队成员定期参加工程例会和设计协调会等
4	建立系统运行检查机制	BIM 系统联合团队成员定期汇报工作进展及面临困难 总包 BIM 系统执行小组定期开会，制定下步工作目标 BIM 系统联合团队成员定期参加工程例会和设计协调会等

（续）

	保障措施	具体内容
5	模型维护与应用机制	分包及时更新和深化模型 按要求导出管线图、各专业平面图及相关表格 运用软件，优化工期计划，指导施工实施 施工前，根据最新模型进行碰撞检查直至零碰撞 施工引起的模型修改，在各方确认后14天内完成 集成和验证最终模型，提交业主等

3.1.3　基于 BIM 技术的过程管理

项目全过程管理就是指工程项目管理企业按照合同约定，在工程项目决策阶段，为业主编制可行性研究报告，进行可行性分析和项目策划；在工程项目设计阶段，负责完成合同约定的工程设计（基础工程设计）等工作；在工程项目实施阶段，为业主提供招标代理、设计管理、采购管理、施工管理和试运行（竣工验收）等服务，代表业主对工程项目进行质量、安全、进度、费用、合同、信息等管理和控制。

科学地进行工程项目施工管理是一个项目取得成功的必要条件。对于一个工程建设项目而言，争取工程项目的保质保量完成是施工项目管理的总体目标，具体而言就是在限定的时间、资源（如资金、劳动力、设备材料）等条件下，以尽可能快的速度，尽可能低的费用（成本投资）圆满完成施工项目任务。

BIM 模型是项目各专业相关信息的集成，适用于从设计到施工到运营管理的全过程，贯穿工程项目的全生命周期。应用 BIM 技术进行全过程项目管理的流程如图 3.1-2 所示。

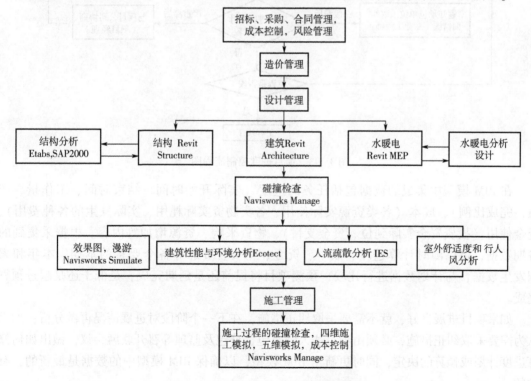

图 3.1-2　全过程 BIM 项目管理的流程

　　项目的实施、跟踪是一个控制过程，用于衡量项目是否向目标方向进展，监控偏离计划的偏差，在项目的范围、时间和成本三大限制因素之间进行平衡，采取纠正措施使进度与计划相匹配。此过程跨越项目生命周期的各个阶段，涉及项目管理的整体、范围、时间、成本、质量、沟通和风险等各个知识领域。图 3.1-3 ~ 图 3.1-5 分别为项目进度控制流程图、成本控制流程图、质量控制流程图。

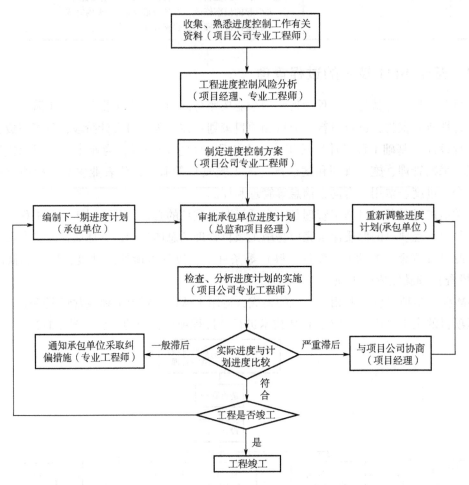

图 3.1-3　项目进度控制流程图

　　在 BIM 模型中集成的数据包括任务的进度（实际开始时间、结束时间、工作量、产值、完成比例）、成本（各类资源实际使用、各类物资实际耗用、实际发生的各种费用）、资金使用（投资资金实际到位、资金支付）、物资采购、资源增加等内容。根据采集到的各期数据，可以随时计算进度、成本、资金、物资、资源等各个要素的本期、本年和累积发生数据，与计划数据进行比较，预测项目将提前还是延期完成，是低于还是超过预算完成。

　　如果项目进展良好，就不需要采取纠正措施，在下一个阶段对进展情况再做分析；如果认为需要采取纠正措施，必须由项目法人、总包、分包及监理等召开联席会议，做出如何修订进度计划或预算的决定，同时更新至 BIM 模型，以确保 BIM 模型中的数据是最新的，有效的。

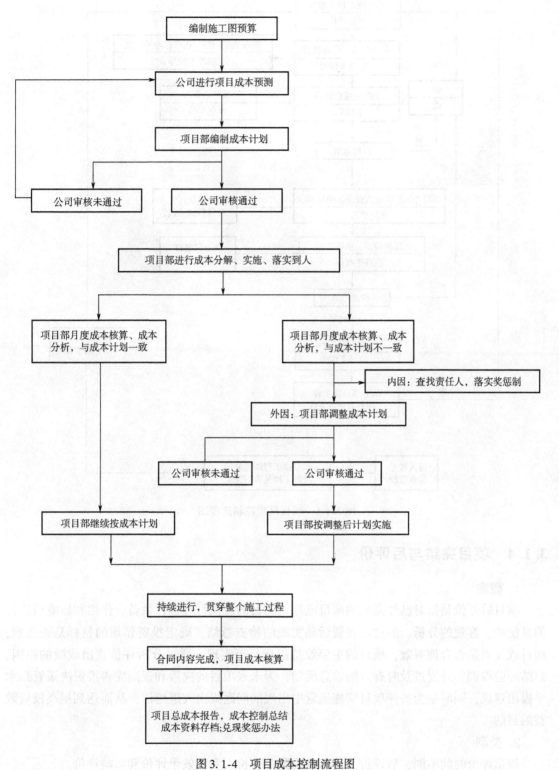

图 3.1-4 项目成本控制流程图

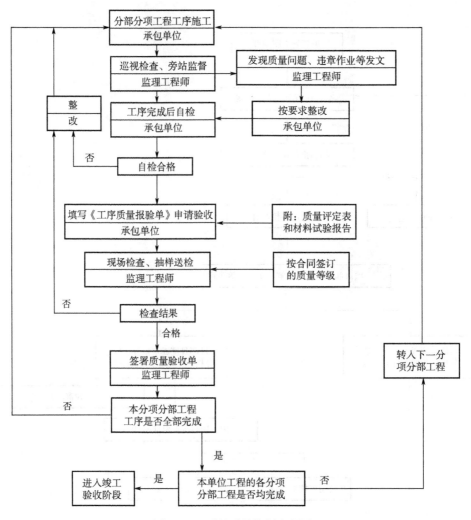

图 3.1-5　项目质量控制流程图

3.1.4　项目完结与后评价

1. 概念

项目后评价是指对已经完成的项目或规划的目的、执行过程、效益、作用和影响所进行的系统的、客观的分析。通过对投资活动实践的检查总结，确定投资预期的目标是否达到，项目或规划是否合理有效，项目的主要效益指标是否实现，通过分析评价找出成败的原因，总结经验教训，并通过及时有效的信息反馈，为未来项目的决策和提高完善投资决策管理水平提出建议，同时也为被评项目实施运营中出现的问题提出改进建议，从而达到提高投资效益的目的。

2. 类型

根据评价时间不同，后评价又可以分为跟踪评价、实施效果评价和影响评价。

1）项目跟踪评价是指项目开工以后到项目竣工验收之前任何一个时点所进行的评价，它又称为项目中间评价。

2）项目实施效果评价是指项目竣工一段时间之后所进行的评价，就是通常所称的项目后评价。

3）项目影响评价是指项目后评价报告完成一定时间之后所进行的评价，又称为项目效益评价。

从决策的需求，后评价也可分为宏观决策型后评价和微观决策型后评价。

1）宏观决策型后评价是指涉及国家、地区、行业发展战略的评价。

2）微观决策型后评价是指仅为某个项目组织、管理机构积累经验而进行的评价。

3. 步骤

项目后评价的步骤如图3.1-6所示。

4. 内容

每个项目的完成必然给企业带来三方面的成果：提升企业形象、增加企业收益、形成企业知识。

评价的内容可以分为目标评价、效益评价、影响评价、持续性评价、过程评价等几个方面，一般来说，包括如下任务和内容：

1）根据项目的进程，审核项目交付的成果是否到达项目准备和评估文件中所确定的目标，是否达到了规定要求。

2）确定项目实施各阶段实际完成的情况，并找出其中的变化。通过实际与预期的对比，分析项目成败的原因。

3）分析项目的经济效益。

4）顾客是否对最终成果满意。如果不满意，原因是什么。

5）项目是否识别了风险，是否针对风险采取了应对策略。

6）项目管理方法是否起到了作用。

图3.1-6 项目后评价的步骤

7）本项目使用了哪些新技巧、新方法，有没有体验新软件或者新功能，价值如何。

8）改善项目管理流程还要做哪些工作，吸取哪些教训和建议，供未来项目借鉴。

5. 意义

1）确定项目预期目标是否达到，主要效益指标是否实现；查找项目成败的原因，总结经验教训，及时有效反馈信息，提高未来新项目的管理水平。

2）为项目投入运营中出现的问题提出改进意见和建议，达到提高投资效益的目的。

3）后评价具有透明性和公开性，能客观、公正地评价项目活动成绩和失误的主客观原因，比较公正地、客观地确定项目决策者、管理者和建设者的工作业绩和存在的问题，从而进一步提高他们的责任心和工作水平。

3.2 各阶段 BIM 实施计划方案

3.2.1 前期调研

1. 实施周期

自项目启动开始，20个工作日完成。

2. 阶段目标

1）完成项目相关调研工作，了解相关业务流程和相关情况。

2）优化实施方案，以更加适合本项目 BIM 技术应用。

3）完成初步培训工作，主要是模型交底工作。

3. 成果提交

1）《调研报告》。

2）《实施方案》。

3.2.2 建模与工程量计算

1. 实施周期

自项目启动开始，20 个工作日完成（不包括模型核对时间）。

2. 阶段目标

1）建立与中标合同、计算规则相符合的预算模型。

2）获得准确工作量数据。

3. 本阶段工作说明

1）本阶段工作启动时间：收到设计图样后开始启动，BIM 预算模型完成时间为 20 个工作日内。

2）工作地点：主要工作在实施方进行，双方需要沟通交底或检查核对再约定时间地点。

3）BIM 施工建模时间：建模分一次结构、二次结构和装饰。考虑到图样变更和调整，建议每一阶段工作在相应阶段施工前 1～2 个月完成。

4. BIM 建模（预算模型与施工模型）

BIM 模型建立分预算版和施工版，区别为预算模型主要根据国家清单计算规则或者当地定额计算规则进行模型建立并计算工程量，主要用于项目预决算和施工进度款申请。而施工 BIM 模型则主要根据施工技术规范、方案等建立 BIM 模型，主要用于实际施工现场管理，BIM 建立的标准和计算规则设置与预算 BIM 模型差别较大。例如施工 BIM 模型需要分施工段、按实扣减计算等。而钢筋与安装施工模型不能直接用于下料。

1）BIM 建模双方工作事项如下：

委托方：

提供总包范围书面文件。

提供计算规则书面文件。

提供当地预算文件标准。

提供其他计算要求书面文件。

工程详细情况交底。

协助模型核对，图样疑问解答。

实施方完成本阶段目标后，按时支付本阶段费用。

实施方：

落实组建各专业小组。

制定进度计划，向委托方提交书面报告。

分专业按照《建模标准》、委托方提供的建模计算依据，建立准确的模型。

控制进度和建模计算质量。

2）BIM建模后应提交成果，提交内容及交接方法如下：

报告项目：

预算BIM模型（光盘）。

计算成果报表（书面报表）。

《PDPS项目第I阶段成果报告》（书面报告）。

交接方法：

实施方签章确认，委托方项目经理书面签收。

5. BIM模型核对

BIM模型建立完成后，双方需对模型及数据进行核对，以保证上传系统的模型（数据）的准确性。实施周期为5~6个工作日。

1）BIM模型核对双方工作事项如下：

委托方：

协调预算人员或技术人员配合模型核对。

提供已经计算完毕的数据。

实施方：

派出专业技术人员参与核对。

根据核对情况修改模型。

编写模型核对分析报告。

2）BIM模型核对后应提交成果，提交内容及交接方法如下：

报告项目：

定稿BIM模型（预算模型）。

《模型核对分析报告》。

交接方法：

实施方签章确认，委托方项目经理书面签收。

6. 验收技术标准

1）《测量BIM建模标准》。

2）委托方提供工程结算规则，当地定额计价规范等。

3）计算成果准确性达到协议要求。

7. 问题与解决方案

1）只要施工模型，不需要预算模式是否可以？

施工模型和预算模型针对的对象不一样，预算模型对外施工模式对内，缺一不可，否则无法实现项目成本最关键的"多算对比"。

2）委托方人员是否也需要建模BIM模型？

建议委托方人员也建立BIM模型，实施方提供基础数据并不是代替委托方现有人员工作，而是作为顾问方指导BIM技术的应用并且加强BIM模型的准确性。另外委托方人员在建立模型的过程也是熟悉和了解图样的过程，这样更有利于与实施方人员进行工作对接。

3.3 项目全过程数据提供

3.3.1 BPR 业务流程重组

1. 实施周期

模型核对完成后，自模型应用开始，3～4 个月完成。

2. BPR 价值

BPR（Business Process Reengineering，业务流程重组），最早由美国的 Michael Hammer 和 Jame Champy 提出，在 20 世纪 90 年代达到了全盛的一种管理思想。强调以业务流程为改造对象和中心、以关心客户的需求和满意度为目标、对现有的业务流程进行根本的再思考和彻底的再设计，利用先进的制造技术、信息技术以及现代的管理手段，最大限度地实现技术上的功能集成和管理上的职能集成，以打破传统的职能型组织结构，建立全新的过程型组织结构，从而实现企业经营在成本、质量、服务和速度等方面的巨大改善。

对于建筑行业项目管理来说，BPR 的管理思想同样价值巨大。目前项目管理流程每家都各不相同，相关的流程制度都很完善，但执行是否到位，是否起到应有的效果，每家企业甚至是每个项目都存在着巨大差异。

BPR 业务流程重组其实就是项目管理的咨询服务。其最大的价值有两个：

对目前项目管理的流程进行梳理，把基础数据的应用加入到项目管理流程中去，并建立相关的制度保障。

总结各企业项目管理的优势，结合委托方项目情况，应用到本项目中去。

3. 双方工作事项

（1）委托方

提供企业和项目组织架构。

提供项目各岗位工作职责。

提供分包结算、采购计划、限额领料、施工安排、施工任务单、成本核算等主要项目流程。

组织项目各岗位配合调研。

（2）实施方

落实调研人员。

现场实施调研。

编写调研报告。

提交 BIM 实施流程以及配套制度实施建议。

项目组人员培训及应用情况跟踪。

完善并确定相关流程和配套制度。

4. 成果提交

《BIM 实施流程及配套制度建议书》。

5. 问题与解决方案

1）是否每个项目都需要 BPR？

第一个项目为保证 PDPS 的顺利实施，BPR 是不可或缺的重要环节。通过本项目的调研和梳理，今后其他项目实施 PDPS 项目委托方可自行决定是否选择 BRP 业务流程重组。

2）是否存在风险？

BPR 涉及对现有流程的优化，前期可能会引起大家的不适应，甚至是抵触。这需要双方项目组成员做好充分沟通和调研，按照循序渐进的原则逐步实施，切不可急功近利。

3.3.2 数据系统（LubanPDS）部署

1. 实施周期

模型核对完成后，10 个工作日完成。

2. 阶段目标

1）系统成功部署并调试完成通过验收。

2）相关人员培训完成并熟练使用。

3. 本阶段工作说明

1）系统部署主要分两部分：服务器端部署和客户端部署。

2）服务器端部署：主要工作由委托方完成。

3）委托方提供使用人的账号和权限。

4）实施方根据委托方要求进行分配。

5）上传 BIM 模型并进行调试。

6）客户端部署。

7）客户端分 MC 和 BE。项目预算人员和总部成本控制负责人使用 MC，项目其他人员使用 BE。

8）实施方负责给使用人员进行培训和指导。

9）根据 BPR 调研情况，把客户端应用加入到日常工作中。

10）根据使用情况，双方在例会上提出问题并改进。

4. 成果提交

《PDS 系统部署及应用情况》。

5. 问题与解决方案

1）服务器安全性是否有保障？

服务器架设在专门设立的 PDPS 数据中心，由第三方安全机构托管，实施方有严格的数据安全保密制度，完全可以保证委托方数据的安全性。

2）委托方其他项目是否可以使用本系统？

系统只服务于本项目，从项目签订日起至项目结束。

3.3.3 BIM 模型维护

1. 实施时间

自建模完成开始，至项目竣工结束。

2. 双方工作事项

（1）委托方

提供项目设计变更单等给实施方。

按合同要求分阶段支付进度款。

（2）实施方

根据委托方提供资料调整 BIM 模型。

及时更新系统内 BIM 模型。

3. 维护周期

1）前期由现场人员跟进项目进度情况进行实时调整。

2）后期重要调整：是指影响材料采购、进度款申请等情况收到调整申请后 3 个工作日完成。

3）后期一般调整：其他调整情况，累计 2 周一次调整。避免频繁调整引起的工作协同问题和工作量增加等情况。

3.3.4 碰撞检查

1. 实施时间

模型核对完成后，15~20 个工作日完成。

2. 阶段目标

1）提前发现设计图样中安装各专业间的碰撞以及安装与结构间的碰撞。

2）注明碰撞所在位置、涉及图样以及碰撞详细情况。

3）对可能发现碰撞点提前预警。

4）预留孔洞定位图说明。

3. 双方工作项目

本阶段工作以实施方为主，BIM 模型确认后即可进行碰撞检查。实施方通过后台数据中心进行碰撞检查，最后提交相关碰撞结果。

4. 成果提交

《PDPS 项目第Ⅴ阶段成果报告》（包括每一个碰撞点的管线名称、位置、所在图样信息、三维截图等情况）。

《预留孔洞定位图》。

5. 问题与解决方案

1）没有发现碰撞点，是否意味着这部分费用可以取消？

不可以。因为碰撞检查的相关工作已经完成，没有检测到碰撞点意味着图样设计比较完善，或者进行碰撞检查工作时提供的图样并不完善等多种情况引起。

2）安装发现碰撞点很多，但是设计院不认为是图样错误，原因是什么？

由于安装碰撞检查是基于设计院施工图建立的模型并进行碰撞，实际施工中安装专业需做深化设计，因此有些碰撞点是通过设计可以避免的。

3）所发现碰撞点是否都会影响施工，需要进行设计变更调整？

不一定。根据具体的碰撞点来分析。有些是结构方面碰撞肯定需要设计调整。有些碰撞施工过程中可能要求精度不高，施工中走向稍微调整一些就可以避免碰撞，这些就不需要调整。

3.3.5 现场服务

1. 实施时间

建模完成后入场。

2. 本阶段工作说明

1）本项目前期将安排驻场实施顾问。

2）各阶段实施方根据进展情况安排专业人员（比如机电安装）进行现场服务。

3. 双方工作项目

（1）委托方

安排现场办公场地（需配置网络）。

安排驻场人员住宿。

（2）实施方

定期组织现场实施例会。

负责现场人员培训和指导。

及时发现和处理实施过程中出现的问题。

协调双方实施团队，确保实施顺利推进。

4. 问题与解决方案

如安排驻场经理，驻场时间为多久？

根据项目具体进展决定，通常情况为半年，后期稳定后为每周一次或每月一次现场服务。

课后习题

一、单项选择题

1. 关于 BPR 以下说法正确的是（   ）。

    A. 最早由英国的 Hammer 和 Jame Champy 提出，在 20 世纪 90 年代达到了全盛的一种管理思想

    B. BPR 的改造对象中心是客户的需求和满意度

    C. BPR 的目标是改进业务流程

    D. BPR 利用先进的制造技术、信息技术以及现代的管理手段，最大限度地实现技术上的功能集成和管理上的职能集成，从而实现企业经营在成本、质量、服务和速度等方面的巨大改善

2. 在项目全过程的数据提供过程中，以下实施周期最短的是（   ）。

    A. BPR 业务流程重组   B. 数据系统部署

    C. BIM 模型维护   D. 碰撞检查

3. 根据评价时间不同，后评价又可以分为跟踪评价、实施效果评价和（   ）。

    A. 中间评价   B. 反馈评价   C. 影响评价   D. 作用评价

4. 以下说法不正确的是（   ）。

A. BIM 目标必须是具体的、可衡量的，并且能够促进建设项目的规划、设计、施工和运营成功

B. 为更好地完成项目 BIM 应用目标，需要先建立企业级 BIM 技术中心，进而组建能够应用 BIM 技术为项目提高工作质量和效率的项目级 BIM 团队，以负责 BIM 知识管理、标准与模板管理、项目协调、质量控制等

C. 从决策的需求，后评价也可分为宏观决策型后评价和微观决策型后评价

D. BPR 业务流程重组最大的价值有两个：一是对目前项目管理的流程进行梳理，把基础数据的应用加入到项目管理流程中去，并建立相关的制度保障；二是总结各企业项目管理的优势，结合委托方项目情况，应用到本项目中去

5. BIM 模型的建立分预算版和施工版，关于预算模型与施工模型的区别说法不正确的是（　　）。

A. 预算模型主要根据国家清单计算规则或者当地定额计算规则进行模型建立并计算工程量，而施工 BIM 模型则主要根据施工技术规范、方案等建立 BIM 模型

B. 预算模型主要用于项目预决算和施工进度款申请，而施工模型主要用于实际施工现场管理

C. BIM 建立的标准和计算规则设置与预算 BIM 模型基本一致

D. 施工 BIM 模型需要分施工段、按实扣减计算

二、多项选择题

1. BIM 总体实施计划包括（　　）。

A. 明确项目 BIM 需求　　　　　　　B. 编制 BIM 实施计划

C. 基于 BIM 技术的过程管理　　　　D. 项目完结与后评价

2. 每个项目都有几种典型的利益相关者，分别是（　　），他们应该对项目承担责任。

A. 项目发起人　　　　　　　　　　B. 项目客户

C. 项目经理　　　　　　　　　　　D. 项目团队

3. 在编制 BIM 实施计划时，需要考虑的因素有（　　）。

A. 实施目标　　　B. 组织机构　　　C. 进度计划　　　D. 资源配置

4. 全过程 BIM 项目管理流程包括（　　）。

A. 招标管理　　　B. 造价管理　　　C. 采购管理　　　D. 拆除管理

5. 下面有关碰撞检查的实施内容，说法正确的是（　　）。

A. 提前发现设计图样中安装各专业间的碰撞，以及安装与结构间的碰撞

B. 注明碰撞所在位置、涉及图样以及碰撞详细情况

C. 对可能发现碰撞点提前预警

D. 预留孔洞定位图说明

参 考 答 案

一、单项选择题

1. D　　2. B　　3. C　　4. B　　5. C

二、多项选择题

1. ABCD　　2. ABCD　　3. ABCD　　4. ABC　　5. ABCD

导读：本章主要介绍了目前的 BIM 技术相关政策及标准。首先通过国内的政策推广和 BIM 联盟成立情况介绍了 BIM 技术在中国的推广现状，并介绍了国内外出台的相关 BIM 标准及指南；接下来对《建筑信息模型应用统一标准》《建筑工程施工信息模型应用标准》的术语、规则和内容做了简单介绍，以加强读者对 BIM 标准及流程的理解。

4.1 BIM 技术政策

4.1.1 BIM 技术在中国推广现状

1. 政策推广

BIM 技术相关政策见表 4.1-1。

表 4.1-1 BIM 技术相关政策

地域	年份	政策名称	政策目标
国家	2013 年	《关于征求关于推荐 BIM 技术在建筑领域应用的指导意见（征求意见稿）意见函》	近期（至 2016 年）： 1）基本完成 BIM 系列标准的前期研究工作，为初步建立勘察设计、施工 BIM 技术以及相应的配套政策和措施奠定基础 2）研发本土化 BIM 应用软件 3）建设 BIM 技术应用示范工程 4）政府投资的 2 万 m² 以上大型公共建筑以及申报绿色建筑项目的设计、施工采用 BIM 技术 中长期（至 2020 年）： 1）形成 BIM 技术应用标准和政策体系 2）解决大数据时代基于 BIM 技术信息产生的重大问题，形成具有我国自主知识产权的 BIM 应用软件 3）在甲级设计企业以及特级、一级房屋建筑工程施工企业中普遍实现 BIM 技术与企业管理系统和其他信息技术的集成应用 4）在政府投资大中型建筑项目以及申报绿色建筑项目中全面实现 BIM 技术的集成应用
	2015 年	《住房和城乡建设部关于印发推进建筑信息模型应用指导意见的通知》	1）2020 年末 建筑行业甲级勘察、设计单位以及特级、一级房屋建筑工程施工企业应掌握并实现 BIM 与企业管理系统和其他信息技术的一体化集成应用 2）2020 年末 以下新立项项目勘察设计、施工、运营维护中，集成应用 BIM 的项目比率达到 90%：以国有资金投资为主的大中型建筑；申报绿色建筑的公共建筑和绿色生态示范小区

（续）

地域	年份	政策名称	政策目标
国家	2016 年	《2016—2020年建筑业信息化发展纲要》	1）企业信息化 建筑企业应积极探索"互联网＋"形势下管理、生产的新模式，深入研究 BIM、物联网等技术的创新应用，创新商业模式 2）行业监管与服务信息化 积极探索"互联网＋"形势下建筑行业格局和资源整合的新模式，促进建筑业行业新业态，支持"互联网＋"形势下企业创新发展 3）专项信息技术应用 积极开展 BIM 技术与大数据技术、云计算技术、物联网技术、3D 打印技术、智能化技术的结合研究 4）信息化标准 重点完善建筑工程勘察设计、施工、运维全生命周期的信息化标准体系，结合物联网、云计算、大数据等新技术在建筑行业的应用，研究制定相关标准
上海市	2015 年	关于印发《上海市推进建筑信息模型技术应用三年行动计划（2015—2017）》的通知	为贯彻创新驱动发展战略，推进上海市"科技创新中心"建设，按照指导意见的目标、原则和任务，通过 2015 年至 2017 年三年分阶段、分步骤推进建筑信息模型（以下简称"BIM"）技术应用，建立符合上海市实际的 BIM 技术应用配套政策、标准规范和应用环境，构建基于 BIM 技术的政府监管模式，到 2017 年在一定规模的工程建设中全面应用 BIM 技术
	2016 年	《2016 上海市建筑信息模型技术应用与发展报告》	该《报告》是上海市第一本由政府部门权威发布的关于 BIM 技术应用与发展的报告，通过数据形式直观地对上海市工程项目 BIM 技术应用比率、模式、应用点、应用能力等方面进行了分析，并通过对上海市 BIM 技术应用成熟度进行总结，提出未来 BIM 技术应用推广的机遇、挑战，给出对策建议。同时，《报告》对上海市重大项目案例进行了解析，从项目的特点、管理机制、BIM 技术应用亮点等方面总结经验，为其他项目提供借鉴与参考
		《关于进一步加强上海市建筑信息模型技术推广应用的通知（征求意见稿)》	按项目的规模、投资性质和区域分类、分阶段全面推广 BIM 技术应用，自 2016 年 10 月 1 日起，一定范围内新立项的工程项目应当在设计和施工阶段应用 BIM 技术，鼓励运营等其他阶段应用 BIM 技术；已立项尚未开工的工程项目，应当根据当前实施阶段，从设计或施工招标投标或发承包中明确应用 BIM 技术要求；已开工项目鼓励在竣工验收归档和运营阶段应用 BIM 技术
广东省	2014 年	《关于开展建筑信息模型 BIM 技术推广应用工作的通知》	到 2014 年底，启动 10 项以上 BIM 技术推广项目建设；到 2015 年底，基本建立广东省 BIM 技术推广应用的标准体系及技术共享平台；到 2016 年底，政府投资的 2 万 m^2 以上的大型公共建筑，以及申报绿色建筑项目的设计、施工应当采用 BIM 技术，省优良样板工程、省新技术示范工程、省优秀勘察设计项目在设计、施工、运营管理等环节普遍应用 BIM 技术；到 2020 年底，全省建筑面积 2 万 m^2 及以上的工程普遍应用 BIM 技术

（续）

地域	年份	政策名称	政策目标
广东省	2015 年	《广东省住房和城乡建设厅关于发布 2015 年度城市轨道交通领域 BIM 技术标准制定计划的通知》	为推进广东省城市轨道交通领域 BIM 技术应用，根据《中华人民共和国标准化法实施条例》及住房和城乡建设部《工程建设地方标准化工作管理规定》的有关规定，经研究，确定了 2015 年度城市轨道交通领域 BIM 技术标准制定计划分为，基于 BIM 的设备管理编码规范和城市轨道交通 BIM 建模与交付标准
深圳市	2015 年	《深圳市建筑工务署政府公共工程 BIM 应用实施纲要》	深圳建筑工务署发布《深圳市建筑工务署政府公共工程 BIM 应用实施纲要》和《深圳市建筑工务署 BIM 实施管理标准》。《BIM 应用实施纲要》对 BIM 应用的形势与需求、政府工程项目实施 BIM 的必要性、BIM 应用的指导思想、BIM 应用需求分析、BIM 应用目标、BIM 应用实施内容、BIM 应用保障措施和 BIM 技术应用的成效预测等做了重要分析，同时还提出了深圳市建筑工务署 BIM 应用的阶段性目标
湖南省	2017 年	《城乡建设领域 BIM 技术应用"十三五"发展规划》	"十三五"期间，在完成湖南省人民政府办公厅发布的《关于开展建筑信息模型应用工作的指导意见》的目标的基础上，结合《2016—2020 年建筑业信息化发展纲要》的工作要求，到 2020 年底，建立 BIM 技术应用的相关政策、技术标准和应用服务标准；湖南省城乡建设领域建设工程项目全面应用 BIM 技术；规划、勘察设计、监理、施工、工程总承包、房地产开发、咨询服务、运维管理等企业全面普及 BIM 技术；以 BIM 为主要技术手段，增强基于 BIM 的"建筑＋互联网"与大数据、智能化、移动通信、云计算、物联网等信息技术集成应用能力，全面提高湖南省城乡建设领域信息化水平，应用和管理水平进入全国先进行列
山东省	2016 年	济南市《关于加快推进建筑信息模型（BIM）技术应用的意见》	到 2017 年底，济南市基本形成满足 BIM 技术应用的配套政策、地方标准和市场环境，开展应用试点、示范。培育主要的建筑行业甲级勘察、设计单位以及特级、一级房屋建筑工程施工企业、构件生产企业、咨询服务企业等应掌握 BIM 技术应用能力，建立相应技术团队并能够协同工作 到 2020 年底，济南市建筑行业勘察、设计、施工、房地产开发、咨询服务、构件生产等企业应全面掌握 BIM 技术。形成比较完善的 BIM 应用市场，形成较成熟的技术标准及扶持政策，形成较为完整的 BIM 应用产业链条，具备 BIM 应用全面推广市场条件。以国有资金投资为主的大中型建筑、申报绿色建筑的公共建筑和绿色生态示范小区新立项项目勘察设计、施工、运营维护中集成应用 BIM 的项目比率达到 90%

（1）国家政策分析　国家住建部从 2011 年开始出台推广 BIM 技术的相关政策，截至 2016 年共出台了 5 项政策。

2011 年国家意识到 BIM 技术对建筑行业的重要性，开始着手 BIM 技术在相关建筑企业中的推广，印发了《2011—2015 年建筑业信息化发展纲要》，通过政策导向，加快建筑信息化建设及促进建筑业技术进步和管理水平提升的指导思想，达到普及 BIM 技术概念和应用的目标，使 BIM 技术初步应用到工程项目中去，并通过住建部和各行业协会的引导作用来保障 BIM 技术的推广。

2013 年在"十二五"发展纲要初见成效后，发布了《关于征求关于推荐 BIM 技术在建筑领域应用的指导意见（征求意见稿）意见的函》，首次提出了工程项目全生命期质量安全和工作效率的思想，并要求确保工程建设安全、优质、经济、环保，确立了近期（至 2016 年）和中长期（至 2020 年）的目标，近期目标对工程项目勘察设计和施工阶段的 BIM 应用提出了要求，并且要开展 BIM 软件的研究和建设示范工程，同时对需要应用 BIM 技术的工程类型做出了规定，要求政府投资的 2 万 m² 以上大型公共建筑以及申报绿色建筑项目要在设计和施工两个阶段中应用 BIM 技术；中长期目标在近期目标的基础上进行了深化，要达到形成 BIM 技术标准和政策体系及具有我国自主知识产权的 BIM 应用软件的目标，强调了与企业管理系统的集成应用，并将应用 BIM 技术的工程类型扩大到政府投资的大中型建筑项目；保障措施更加细化，提出了与 GIS、物联网技术的融合研究，通过制定企业 BIM 应用水平评价标准，加强对企业管理者的 BIM 知识培训，在各奖项评比中加设应用 BIM 技术条件来保证目标的达成，2014 年的《关于推进建筑业发展和改革的若干意见》再次强调了 BIM 技术工程设计、施工和运行维护等全过程应用重要性。

2015 年住建部发布了《住房和城乡建设部关于印发推进建筑信息模型应用指导意见的通知》，不仅要普及更要深化 BIM 技术应用，同时将节能的概念引入到指导思想中，针对 2020 年末制定了详细的目标，强调了一体化集成应用，并首次引入全生命周期集成应用 BIM 的项目比率，要求以国有资金投资为主的大中型建筑以及申报绿色建筑的公共建筑和绿色生态示范小区的比率达到 90%，该项目标在后期成为地方政策的参照目标；保障措施方面添加了市场化应用 BIM 费用标准，搭建公共建筑构件资源数据中心及服务平台以及 BIM 应用水平考核评价机制，使得 BIM 技术的应用更加规范化，做到有据可依，不再是空泛的技术推广。

在经过了五年的政策推广实施后，住建部发布了"十三五"纲要——《2016—2020 年建筑业信息化发展纲要》，相比于"十二五"纲要，引入了"互联网+"概念，以 BIM 技术与建筑业发展深度融合，塑造建筑业新业态为指导思想，实现企业信息化、行业监管与服务信息化、专项信息技术应用及信息化标准体系的建立，达到基于"互联网+"的建筑业信息化水平升级。

总的来说，国家政策是一个逐步深化、细化的过程，从普及概念到工程项目全过程的深度应用再到相关标准体系的建立完善，由点到面，逐渐完成 BIM 技术应用的推广工作，硬性要求应用比率以及和其他信息技术的一体化集成应用，同时开始上升到管理层面，开发集成、协同工作系统及云平台，提出 BIM 的深层次应用价值，如与绿色建筑、装配式及物联网的结合，BIM+时代到来，使 BIM 技术深入到建筑业的各个方面。

（2）地方政策分析　为了响应国家号召，地方各省市也陆续颁布了以国家政策为基准的地方政策，根据不完全统计，截止到 2017 年 4 月 20 日，全国共有 16 个省级地区颁布了 BIM 技术相关政策，大部分为沿海城市及一、二线城市。

上海市、广东省、山东省和湖南省是重点推行 BIM 技术的省级地区，政策内容紧跟国家方向，从概念到核心（数据标准），逐步具体化精细化，更加注重深度实用价值，从项目试点到实现全面应用。

这些地区政策的共同点分为以下几点：①分阶段细化目标，深化BIM技术应用；②推行范围广、力度大，全面应用BIM技术；③管理机制相对完善，初步建立了相关标准体系；④探索"互联网＋"，与大数据技术相结合；⑤对应用BIM技术并达到相应条件的工程项目给予资金支持。

其他地区的政策大致分为两类，一类是以"十二五"规划纲要为雏形，基于该纲要要求并根据各省具体情况制定的具有详细阶段规划的政策，除徐州市外均已规划到2020年，主要省市自治区有黑龙江省、沈阳市、徐州市、重庆市、福建省、广西壮族自治区、南宁市、云南省及贵州省；另一类是仅做了整体方向，说明了应用BIM技术工程项目的条件，主要省市有陕西省、天津市、成都市、浙江省及绍兴市，相信未来该类政策地区政府会做出进一步的规划方案，追赶上国家的步伐。

2. 联盟成立情况概述

（1）国家级BIM联盟 2012年3月28日，中国BIM发展联盟在北京成立，由中国建筑科学研究院、上海市建筑科学研究院（集团）有限公司、中建三局第一建设工程有限责任公司等14家常务理事单位组成，旨在建设BIM应用技术、标准、软件创新平台；推动BIM产学研用技术交流与合作；培育促进BIM产业健康发展。中国BIM发展联盟首创提出P-BIM理念，即基于工程实践的建筑信息模型（BIM）实施方式，2016年联盟成员立项或在研创新项目多达51项，项目经费总额高达16882.94万元，该联盟在BIM标准的建立、中国BIM软件研发中发挥了巨大的贡献。

（2）地方级BIM联盟 经笔者统计，截止至2017年4月20日，全国共有17个省成立了BIM相关发展联盟。

成立BIM联盟的省份与前面颁布BIM政策的省份大抵相同，基本分布在华北地区和华南地区，分别是内蒙古、甘肃、陕西、北京、河北、天津、辽宁、沈阳、河南、云南、贵州、湖南、上海、广东、广西、福建、海南，山东省目前正在为成立BIM联盟做筹备工作，各联盟相关信息见表4.1-2。

表4.1-2　各联盟相关信息

联盟名称	成立时间	联盟宗旨
云南省BIM发展联盟	2015.02.19	整合建筑信息模型（BIM）技术和社会资源，加强BIM产学研应用技术交流与合作，提高技术创新能力和核心竞争力，助力云南省传统建造业的产业转型和升级
广东省BIM技术联盟	2015.04.13	为成员单位提供BIM技术共享资源，以及政策、标准、科研、业务方面的咨询服务为全面推动广东省BIM发展和应用提供技术支撑，培育促进BIM产业健康发展
河南省BIM联盟	2015.09.22	推动河南省BIM技术、教育、标准和软件协调配套发展，提高产业核心竞争力和工程建设信息化水平
福建省建筑信息模型技术应用发展联盟	2015.09.28	整合BIM产业和社会资源，建设BIM应用技术、标准、软件应用创新平台，促进BIM产、学、研、用技术交流与合作
海南省建筑信息模型应用联盟	2015.12.05	解决关键共性问题；建立海南省BIM技术应用单位库和人才库，共享BIM技术应用资源，促进BIM产学研应用技术交流与合作

（续）

联盟名称	成立时间	联盟宗旨
陕西省 BIM 发展联盟	2015.12.23	团结广大会员单位和个人会员，整合 BIM 产业和社会资源，宣传和推广 BIM 技术应用，为促进 BIM 产业健康发展服务，为陕西省新型战略转型的宏大战略目标服务
沈阳市 BIM 产业技术创新战略联盟	2016.01.12	加强辽沈地区建筑行业内的联系，并且对推广 BIM 技术起到积极的促进作用
广西壮族自治区建筑信息模型（BIM）技术发展联盟	2016.03.01	凝聚自治区 BIM 技术人才队伍，为各成员单位搭建 BIM 技术创新应用平台，共同推进自治区建筑产业现代化发展，为自治区经济建设又好又快发展做出贡献
甘肃省 BIM 技术发展联盟	2016.04.26	在甘肃省乃至西北地区共建起一个高规格、多层次的交流平台，共同推进 BIM 技术在甘肃省以及西北区域内建筑安装工程的推广应用
上海市 BIM 技术创新联盟	2016.05.10	致力于凝聚共识、整合资源，提升供给侧能力，推进 BIM 技术及产品研究、开发与应用推广
湖南省建筑信息模型（BIM）技术应用创新战略联盟	2016.05.25	以"共同投入、合作研发、优势互补、利益共享、风险共担"作为技术创新合作模式，在省内开展 BIM 相关技术与产业的研究、设计、开发、生产、制造、服务
内蒙古自治区 BIM 发展联盟	2016.06.28	促进行业发展、助推企业进步、搭建合作平台、提供价值服务
河北省 BIM 技术协同创新联盟	2016.11.04	推动 BIM 应用技术发展，属于产业创新战略联盟，组织成员单位进行 BIM 技术人员培训和技术认证，储备 BIM 应用技术人才；组织成员单位共同推进 BIM 技术发展，互助建立 BIM 团队
辽宁省 BIM 全产业发展联盟	2016.11.26	政府引导、联盟推动、项目先行
北京市建筑信息模型（BIM）技术应用联盟	2016.12.13	团结广大会员单位和个人会员，整合 BIM 产业和社会资源开展 BIM 技术应用方面的咨询服务，促进 BIM 产业健康发展
天津市 BIM 技术创新联盟	2016.12.27	真正形成产业集聚效应，通过 BIM 技术共享协同，在建筑领域形成一批专利、专有技术和新兴服务模式
贵州省 BIM 发展联盟	2017.04.10	整合建设领域全产业链的资源，建立协同合作、互惠互利和资源共享机制，推动行业信息化健康发展

从表中可以看出 2015 年开始全国各地成立 BIM 联盟，而此时正是国家大力推广 BIM 技术进行得如火如荼之时，各地方不仅在政策上紧跟国家方向，而且通过成立地方 BIM 联盟，聚集业内专家，以一家牵头多家跟随的形式确保了政策的落实，使得 BIM 技术得以更有效地推广和应用实施。

4.1.2 相关 BIM 文件标准及实施指南

1. 国外 BIM 文件标准及实施指南

BIM 应用技术发展较早的美国、英国、新加坡以及部分亚太国家的 BIM 相关标准的制定已经比较完善，其中一些标准中的内容已经上升为 ISO 标准。上述国家的标准主要由政府指导，行业组织牵头、高校、企业参与的形式来制定。目前发布的标准和指南涵盖：设计建模要求、数据交换标准、交付要求等方面，而对于实际操作层面的应用指南则相对较少。

2016~2017年，美国、英国、新加坡发布的主要BIM标准和指南见表4.1-3。

表4.1-3　2016~2017年国外发布的主要BIM标准和指南

国家	名　　称	简　　介	发布时间	发布机构
美国	《美国国家BIM指南-业主篇》（National BIM Guide for Owners）	《指南》从业主角度定义了创建和实现BIM要求的方法，解决业主应用BIM技术的流程、基础、标准以及执行问题，从而让业主能更好地配合BIM项目团队高效地工作	2017年	美国国家建筑科学研究院
英国	《BIM结构性健康与安全》（PAS 1192-6）	提出了建造过程中相关主要从业人员如何通过建筑信息模型来识别、共享以及使用健康与安全信息，从而实现减少风险	2017年	英国BSI机构（British Standard Institution）
新加坡	《实施规范》（CoP）	《实施规范》规定了BIM电子文件提交格式以及基于自定义BIM格式的建筑方案提交格式	2016年	新加坡建设局（BCA）

2. 国内BIM实施标准及指南

BIM应用技术发展较早的北京市、广州市、深圳市以及其他部分省市的BIM相关标准的制定已经有了初步的成果，其中一些标准已经正式发布执行。上述省市的标准主要由政府指导，行业组织牵头，高校、企业参与的形式来制定。目前发布的标准和指南涵盖：设计建模要求、数据交换标准、交付要求等方面，而对于实际操作层面的应用指南则相对较少。

国内发布的主要BIM标准和指南见表4.1-4。

表4.1-4　国内发布的主要BIM标准和指南

地域	名　　称	简　　介	发布时间	发布机构
国家	《建筑信息模型应用统一标准》（GB/T 51212—2016）	通过广泛调查研究，组织了大量的课题研究，制定本标准，适用于建设工程全生命周期内建筑信息模型的建立、应用和管理	2016年12月	住建部
CBDA标准	《建筑装饰装修工程BIM实施标准》（T/CB-DA—3—2016）	根据《关于首批中装协标准立项的批复》的要求，本标准为我国建筑装饰行业工程建设的团体标准	2016年9月	中国建筑装饰协会
河北省	《建筑信息模型应用统一标准》[DB13（J）/T 213—2016]	总结了近年来河北省BIM应用实践经验，结合河北省建筑业发展的需要，编制本标准，是省内第一个申请立项的BIM应用标准	2016年7月	河北省住房和城乡建设厅
上海市	《建筑信息模型应用标准》（DG/TJ 08—2201—2016）	规范了建筑信息模型的建模方法、模型深度、建模规则、基础数据的分类编码、数据交互、协同工作方法、实施规划、设计应用、项目管理、运维管理、模型资源等方面	2016年	

（续）

地域	名 称	简 介	发布时间	发布机构
上海市	《城市轨道交通建筑信息模型技术标准》（DG/TJ 08—2202—2016）	明确了轨道交通项目 BIM 实施组织方式，定义了轨道交通各专业的数据内容及等级要求，确定了轨道交通信息模型创建方法、创建流程、模型校验等内容，规范了轨道交通各阶段 BIM 应用流程，明确了 BIM 应用的数据内容及应用成果要求，以满足轨道交通全生命周期 BIM 应用管理需求	2016 年	
上海市	《城市轨道交通建筑信息模型交付标准》（DG/TJ 08—2203—2016）	建立了轨道交通设施设备的分类编码体系，规范了轨道交通设施设备的组成架构，规定轨道交通信息模型的交付范围及其属性信息，明确了轨道交通信息模型数据的交付深度，以满足轨道交通全生命周期的管理需求	2016 年	
上海市	《市政道路桥梁建筑信息模型应用标准》（DG/TJ 08—2204—2016）	分阶段规定 BIM 应用点；规定全生命周期各阶段的数据等级要求；规定设施设备分类编码；提供从设计到施工的应用指导；提供运营养护阶段应用建议	2016 年	
上海市	《上海市建筑信息模型技术应用指南》（2017版）（在编）	统一了概念定义、专业用词用语；深化了利用 BIM 模型的工作量计算和二维出图应用具体内容；增加了预制装配式 BIM 技术应用项；从建设、设计、施工等企业角度单列增加了基于 BIM 技术的协同管理平台的实施指南描述	2017 年	
住建部	《2016～2020 年建筑业信息化发展纲要》	企业信息化：建筑企业应积极探索"互联网＋"形势下管理、生产的新模式，深入研究 BIM、物联网等技术的创新应用，创新商业模式 行业监管与服务信息化：积极探索"互联网＋"形势下建筑行业格局和资源整合的新模式，促进建筑业行业新业态，支持"互联网＋"形势下企业创新发展 专项信息技术应用：积极开展 BIM 技术与大数据技术、云计算技术、物联网技术、3D 打印技术、智能化技术的结合研究 信息化标准：重点完善建筑工程勘察设计、施工、运维全生命期的信息化标准体系，结合物联网、云计算、大数据等新技术在建筑行业的应用，研究制定相关标准	2016 年	
住建部	《关于建筑业发展和改革的若干意见》	提升建筑业技术能力。完善以工法和专有技术成果、试点示范工程为抓手的技术转移与推广机制，依法保护知识产权。积极推动以节能环保为特征的绿色建造技术的应用。推进建筑信息模型（BIM）等信息技术在工程设计、施工和运行维护全过程的应用，提高综合效益。推广建筑工程减隔振技术。探索开展白图替代蓝图、数字化审图等工作。建立技术研究应用与标准制定有效衔接的机制，促进建筑业科技成果转化，加快先进适用技术的推广应用。加大复合型、创新型人才培养力度。推动建筑领域国际技术交流合作	2014 年 7 月	

（续）

地域	名　称	简　介	发布时间	发布机构
住建部	《关于推进建筑信息模型应用的指导意见》	到2020年末，建筑行业甲级勘察、设计单位以及特级、一级房屋建筑工程施工企业应掌握并实现BIM与企业管理系统和其他信息技术的一体化集成应用。到2020年末，以下新立项项目勘察设计、施工、运营维护中，集成应用BIM的项目比率达到90%；以国有资金投资为主的大中型建筑；申报绿色建筑的公共建筑和绿色生态示范小区	2015年6月	
广东省	《关于开展建筑信息模型BIM技术推广应用工作的通知》	广东省住建厅提出到2014年底，启动10项以上BIM技术推广项目建设；到2016年底，政府投资的2万m² 以上的大型公共建筑，以及申报绿色建筑项目的设计、施工应当采用BIM技术	2014年9月	
深圳市	《深圳市建设工程质量提升行动方案（2014—2018年)》	推进BIM技术应用。在工程设计领域鼓励推广BIM技术，市、区发展改革部门在政府工程设计中考虑BIM技术的概算。搭建BIM技术信息平台，制定BIM工程设计文件交付标准、收费标准和BIM工程设计项目招标投标实施办法。逐年提高BIM技术在大中型工程项目的覆盖率	2014年4月	
北京市	《民用建筑信息模型设计标准》	北京质量技术监督局与北京市规划委员会联合发布《民用建筑信息模型设计标准》，提出BIM的资源要求、模型深度要求、交付要求是在BIM的实施过程规范民用建筑BIM的设计	2014年5月	
上海市	《关于推进建筑信息模型技术应用的指导意见》	2015年起，选择一定规模的医院、学校、保障性住房、轨道交通、桥梁（隧道）等政府投资工程和部分社会投资项目进行BIM技术应用试点，形成一批在提升设计施工质量、协同管理、减少浪费、降低成本、缩短工期等方面成效明显的示范工程	2014年10月	
成都市	《开展建筑信息模型（BIM）技术应用的通知》	要求12月1日起国有投资的大、中型房屋建筑及除单纯道路工程以外的市政基础设施项目，申报绿色建筑、绿色生态城区、可再生能源建筑应用示范性项目及国家和省市优秀设计奖项目，必须提交设计各阶段的BIM模型到建设行政主管机构来审批，才能取得施工图审查合格证，涉及建筑范围之广和行政力量之强是空前的	2016年12月	
湖南省	《城乡建设领域BIM技术应用"十三五"发展规划》	到2020年底，建立BIM技术应用的相关政策、技术标准和应用服务标准；湖南省城乡建设领域建设工程项目全面应用BIM技术；规划、勘察设计、监理、施工、工程总承包、房地产开发、咨询服务、运维管理等企业全面普及BIM技术；以BIM为主要技术手段，增强基于BIM的"建筑+互联网"与大数据、智能化、移动通信、云计算、物联网等信息技术集成应用能力，全面提高湖南省城乡建设领域信息化水平，应用和管理水平进入全国先进列	2017年1月	

（续）

地域	名　称	简　　介	发布时间	发布机构
福建省	《进一步加快 BIM（建筑信息模型）技术》	2015 年 10 月至 2017 年，福建省将筛选一批投资额 1 亿元以上或单位建筑面积 2 万 m² 以上的技术复杂、管理协同要求高的工程进行 BIM 试点推广。保障性住房、公益性建筑、大型公共建筑、大型市政基础设施工程等政府投资工程以及采用工业化方式建造的工程全部列入试点范围。此外，福建省还将组织成立 BIM 应用技术联盟，培育 BIM 技术应用骨干企业	2015 年 9 月	
广西壮族自治区	《广西推进建筑信息模型应用的工作实施方案》	2016 年起至 2017 年底，有计划地选择一批投资额在 1 亿元以上或单体建筑面积 2 万 m² 以上技术复杂、管理协同要求高的工程进行试点并提供项目支持，试点范围包括国有资金投资的保障性住房、公共建筑、绿色建筑、轨道交通等项目。其他有条件的政府投资工程和社会投资工程建设鼓励采用 BIM 技术	2016 年 1 月	

4.2 《2016—2020 年建筑业信息化发展纲要》

《2016—2020 年建筑业信息化发展纲要》部分内容如下：

建筑业信息化是建筑业发展战略的重要组成部分，也是建筑业转变发展方式、提质增效、节能减排的必然要求，对建筑业绿色发展、提高人民生活品质具有重要意义。

一、指导思想

贯彻党的十八大以来，国务院推进信息化发展相关精神，落实创新、协调、绿色、开放、共享的发展理念及国家大数据战略、"互联网＋"行动等相关要求，实施《国家信息化发展战略纲要》，增强建筑业信息化发展能力，优化建筑业信息化发展环境，加快推动信息技术与建筑业发展深度融合，充分发挥信息化的引领和支撑作用，塑造建筑业新业态。

二、发展目标

"十三五"时期，全面提高建筑业信息化水平，着力增强 BIM、大数据、智能化、移动通信、云计算、物联网等信息技术集成应用能力，建筑业数字化、网络化、智能化取得突破性进展，初步建成一体化行业监管和服务平台，数据资源利用水平和信息服务能力明显提升，形成一批具有较强信息技术创新能力和信息化应用达到国际先进水平的建筑企业及具有关键自主知识产权的建筑业信息技术企业。

三、主要任务

（一）企业信息化

建筑企业应积极探索"互联网＋"形势下管理、生产的新模式，深入研究 BIM、物联网等技术的创新应用，创新商业模式，增强核心竞争力，实现跨越式发展。

1. 勘察设计类企业

（1）推进信息技术与企业管理深度融合。

进一步完善并集成企业运营管理信息系统、生产经营管理信息系统，实现企业管理信息系统的升级换代。深度融合 BIM、大数据、智能化、移动通信、云计算等信息技术，实现 BIM 与企业管理信息系统的一体化应用，促进企业设计水平和管理水平的提高。

（2）加快 BIM 普及应用，实现勘察设计技术升级。

在工程项目勘察中，推进基于 BIM 进行数值模拟、空间分析和可视化表达，研究构建支持异构数据和多种采集方式的工程勘察信息数据库，实现工程勘察信息的有效传递和共享。在工程项目策划、规划及监测中，集成应用 BIM、GIS、物联网等技术，对相关方案及结果进行模拟分析及可视化展示。在工程项目设计中，普及应用 BIM 进行设计方案的性能和功能模拟分析、优化、绘图、审查以及成果交付和可视化沟通，提高设计质量。

推广基于 BIM 的协同设计，开展多专业间的数据共享和协同，优化设计流程，提高设计质量和效率。研究开发基于 BIM 的集成设计系统及协同工作系统，实现建筑、结构、水暖电等专业的信息集成与共享。

（3）强化企业知识管理，支撑智慧企业建设。

研究改进勘察设计信息资源的获取和表达方式，探索知识管理和发展模式，建立勘察设计知识管理信息系统。不断开发勘察设计信息资源，完善知识库，实现知识的共享，充分挖掘和利用知识的价值，支撑智慧企业建设。

2. 施工类企业

（1）加强信息化基础设施建设。

建立满足企业多层级管理需求的数据中心，可采用私有云、公有云或混合云等方式。在施工现场建设互联网基础设施，广泛使用无线网络及移动终端，实现项目现场与企业管理的互联互通强化信息安全，完善信息化运维管理体系，保障设施及系统稳定可靠运行。

（2）推进管理信息系统升级换代。

普及项目管理信息系统，开展施工阶段的 BIM 基础应用。有条件的企业应研究 BIM 应用条件下的施工管理模式和协同工作机制，建立基于 BIM 的项目管理信息系统。

推进企业管理信息系统建设。完善并集成项目管理、人力资源管理、财务资金管理、劳务管理、物资材料管理等信息系统，实现企业管理与主营业务的信息化。有条件的企业应推进企业管理信息系统中项目业务管理和财务管理的深度集成，实现业务财务管理一体化。推动基于移动通信、互联网的施工阶段多参与方协同工作系统的应用，实现企业与项目其他参与方的信息沟通和数据共享。注重推进企业知识管理信息系统、商业智能和决策支持系统的应用，有条件的企业应探索大数据技术的集成应用，支撑智慧企业建设。

（3）拓展管理信息系统新功能。

研究建立风险管理信息系统，提高企业风险管控能力。建立并完善电子商务系统或利用第三方电子商务系统，开展物资设备采购和劳务分包，降低成本。开展 BIM 与物联网、云计算、3S 等技术在施工过程中的集成应用研究，建立施工现场管理信息系统，创新施工管理模式和手段。

3. 工程总承包类企业

（1）优化工程总承包项目信息化管理，提升集成应用水平。

进一步优化工程总承包项目管理组织架构、工作流程及信息流，持续完善项目资源分解结构和编码体系。深化应用估算、投标报价、费用控制及计划进度控制等信息系统，逐步建立适应国际工程的估算、报价、费用及进度管控体系。继续完善商务管理、资金管理、财务管理、风险管理及电子商务等信息系统，提升成本管理和风险管控水平。利用新技术提升并深化应用项目管理信息系统，实现设计管理、采购管理、施工管理、企业管理等信息系统的集成及应用。

探索 PPP 等工程总承包项目的信息化管理模式，研究建立相应的管理信息系统。

（2）推进"互联网＋"协同工作模式，实现全过程信息化。

研究"互联网＋"环境下的工程总承包项目多参与方协同工作模式，建立并应用基于互联网的协同工作系统，实现工程项目多参与方之间的高效协同与信息共享。研究制定工程总承包项目基于 BIM 的多参与方成果交付标准，实现从设计、施工到运行维护阶段的数字化交付和全生命期信息共享。

（二）行业监管与服务信息化

积极探索"互联网＋"形势下建筑行业格局和资源整合的新模式，促进建筑业行业新业态，支持"互联网＋"形势下企业创新发展。

1. 建筑市场监管

（1）深化行业诚信管理信息化。

研究建立基于互联网的建筑企业、从业人员基本信息及诚信信息的共享模式与方法。完善行业诚信管理信息系统，实现企业、从业人员诚信信息和项目信息的集成化信息服务。

（2）加强电子招标投标的应用。

应用大数据技术识别围标、串标等不规范行为，保障招标投标过程的公正、公平。

（3）推进信息技术在劳务实名制管理中的应用。

应用物联网、大数据和基于位置的服务（LBS）等技术建立全国建筑工人信息管理平台，并与诚信管理信息系统进行对接，实现深层次的劳务人员信息共享。推进人脸识别、指纹识别、虹膜识别等技术在工程现场劳务人员管理中的应用，与工程现场劳务人员安全、职业健康、培训等信息联动。

2. 工程建设监管

（1）建立完善数字化成果交付体系。

建立设计成果数字化交付、审查及存档系统，推进基于二维图的、探索基于 BIM 的数字化成果交付、审查和存档管理。开展白图代蓝图和数字化审图试点、示范工作。完善工程竣工备案管理信息系统，探索基于 BIM 的工程竣工备案模式。

（2）加强信息技术在工程质量安全管理中的应用。

构建基于 BIM、大数据、智能化、移动通信、云计算等技术的工程质量、安全监管模式与机制。建立完善工程项目质量监管信息系统，对工程实体质量和工程建设、勘察、设计、施工、监理和质量检测单位的质量行为监管信息进行采集，实现工程竣工验收备案、建筑工程五方责任主体项目负责人等信息共享，保障数据可追溯，提高工程质量监管水平。建立完善建筑施工安全监管信息系统，对工程现场人员、机械设备、临时设施等安全信息进行采集和汇总分析，实现施工企业、人员、项目等安全监管信息互联共享，提高施工安全监管水平。

（3）推进信息技术在工程现场环境、能耗监测和建筑垃圾管理中的应用。

研究探索基于物联网、大数据等技术的环境、能耗监测模式，探索建立环境、能耗分析的动态监控系统，实现对工程现场空气、粉尘、用水、用电等的实时监测。建立建筑垃圾综合管理信息系统，实现项目建筑垃圾的申报、识别、计量、跟踪、结算等数据的实时监控，提升绿色建造水平。

3. 重点工程信息化

大力推进 BIM、GIS 等技术在综合管廊建设中的应用，建立综合管廊集成管理信息系统，逐步形成智能化城市综合管廊运营服务能力。在海绵城市建设中积极应用 BIM、虚拟现实等技术开展规划、设计，探索基于云计算、大数据等的运营管理，并示范应用。加快 BIM 技术在城市轨道交通工程设计、施工中的应用，推动各参建方共享多维建筑信息模型进行工程管理。在"一带一路"重点工程中应用 BIM 进行建设，探索云计算、大数据、GIS 等技术的应用。

4. 建筑产业现代化

加强信息技术在装配式建筑中的应用，推进基于 BIM 的建筑工程设计、生产、运输、装配及全生命期管理，促进工业化建造。建立基于 BIM、物联网等技术的云服务平台，实现产业链各参与方之间在各阶段、各环节的协同工作。

5. 行业信息共享与服务

研究建立工程建设信息公开系统，为行业和公众提供地质勘察、环境及能耗监测等信息服务，提高行业公共信息利用水平。建立完善工程项目数字化档案管理信息系统，转变档案管理服务模式，推进可公开的档案信息共享。

（三）专项信息技术应用

1. 大数据技术

研究建立建筑业大数据应用框架，统筹政务数据资源和社会数据资源，建设大数据应用系统，推进公共数据资源向社会开放。汇聚整合和分析建筑企业、项目、从业人员和信用信息等相关大数据，探索大数据在建筑业创新应用，推进数据资产管理，充分利用大数据价值。建立安全保障体系，规范大数据采集、传输、存储、应用等各环节安全保障措施。

2. 云计算技术

积极利用云计算技术改造提升现有电子政务信息系统、企业信息系统及软硬件资源，降低信息化成本。挖掘云计算技术在工程建设管理及设施运行监控等方面应用潜力。

3. 物联网技术

结合建筑业发展需求，加强低成本、低功耗、智能化传感器及相关设备的研发，实现物联网核心芯片、仪器仪表、配套软件等在建筑业的集成应用。开展传感器、高速移动通信、无线射频、近场通信及二维码识别等物联网技术与工程项目管理信息系统的集成应用研究，开展示范应用。

4. 3D 打印技术

积极开展建筑业 3D 打印设备及材料的研究。结合 BIM 技术应用，探索 3D 打印技术运用于建筑部品、构件生产，开展示范应用。

5. 智能化技术

开展智能机器人、智能穿戴设备、手持智能终端设备、智能监测设备、3D 扫描等设备在施工过程中的应用研究，提升施工质量和效率，降低安全风险。探索智能化技术与大数据、移动通信、云计算、物联网等信息技术在建筑业中的集成应用，促进智慧建造和智慧企业发展。

（四）信息化标准

强化建筑行业信息化标准顶层设计，继续完善建筑业行业与企业信息化标准体系，结合

BIM等新技术应用，重点完善建筑工程勘察设计、施工、运维全生命期的信息化标准体系，为信息资源共享和深度挖掘奠定基础。

加快相关信息化标准的编制，重点编制和完善建筑行业及企业信息化相关的编码、数据交换、文档及图档交付等基础数据和通用标准。继续推进BIM技术应用标准的编制工作，结合物联网、云计算、大数据等新技术在建筑行业的应用，研究制定相关标准。

四、保障措施

（一）加强组织领导，完善配套政策，加快推进建筑业信息化

各级城乡建设行政主管部门要制定本地区"十三五"建筑业信息化发展目标和措施，加快完善相关配套政策措施，形成信息化推进工作机制，落实信息化建设专项经费保障。探索建立信息化条件下的电子招标投标、数字化交付和电子签章等相关制度。

建立信息化专家委员会及专家库，充分发挥专家作用，建立产学研用相结合的建筑业信息化创新体系，加强信息技术与建筑业结合的专项应用研究、建筑业信息化软科学研究。开展建筑业信息化示范工程，根据国家"双创"工程，开展基于"互联网＋"的建筑业信息化创新创业示范。

（二）大力增强建筑企业信息化能力

企业应制定企业信息化发展目标及配套管理制度，加强信息化在企业标准化管理中的带动作用。鼓励企业建立首席信息官（CIO）制度，按营业收入一定比例投入信息化建设，开辟投融资渠道，保证建设和运行的资金投入。注重引进BIM等信息技术专业人才，培育精通信息技术和业务的复合型人才，强化各类人员信息技术应用培训，提高全员信息化应用能力。大型企业要积极探索开发自有平台，瞄准国际前沿，加强信息化关键技术应用攻关，推动行业信息化发展。

（三）强化信息化安全建设。

各级城乡建设行政主管部门和广大企业要提高信息安全意识，建立健全信息安全保障体系，重视数据资产管理，积极开展信息系统安全等级保护工作，提高信息安全水平。

4.3 《建筑信息模型应用统一标准》

4.3.1 总则

1）为贯彻执行国家技术经济政策，推进工程建设信息化实施，统一建筑信息模型应用基本要求，提高信息应用效率和效益，制定本标准。

2）本标准适用于建设工程全生命期内建筑信息模型的创建、使用和管理。

3）建筑信息模型应用，除应符合本标准外，尚应符合国家现行有关标准的规定。

4.3.2 术语和缩略语

1. 术语

（1）建筑信息模型 buiding information modeling，buiding information model（BIM）

在建设工程及设施全生命期内，对其物理和功能特性进行数字化表达，并依此设计、施

工、运营的过程和结果的总称，简称模型。

（2）建筑信息子模型 sub building information model（sub BIM）

建筑信息模型中可独立支持特定任务或应用功能的模型子集，简称子模型。

（3）建筑信息模型元素 BIM element

建筑信息模型的基本组成单元，简称模型元素。

（4）建筑信息模型软件 BIM software

对建筑信息模型进行创建、使用、管理的软件，简称 BIM 软件。

2. 缩略语

P BIM 基于工程实践的建筑信息模型应用方式 practice based BIM mode。

4.3.3 基本规定

1）模型应用应能实现建设工程各相关方的协同工作、信息共享。

2）模型应用宜贯穿建设工程全生命期，也可根据工程实际情况在某一阶段或环节内应用。

3）模型应用宜采用基于工程实践的建筑信息模型应用方式（PBIM），并应符合国家相关标准和管理流程的规定。

4）模型创建、使用和管理过程中，应采取措施保证信息安全。

5）BIM 软件宜具有查验模型及其应用符合我国相关工程建设标准的功能。

6）对 BIM 软件的专业技术水平、数据管理水平和数据互用能力宜进行评估。

4.3.4 模型结构与扩展

1. 一般规定

1）模型中需要共享的数据应能在建设工程全生命期各个阶段、各项任务和各相关方之间交换和应用。

2）通过不同途径获取的同一模型数据应具有唯一性。采用不同方式表达的模型数据应具有一致性。

3）用于共享的模型元素应能在建设工程全生命期内被唯一识别。

4）模型结构应具有开放性和可扩展性。

2. 模型结构

1）BIM 软件宜采用开放的模型结构，也可采用自定义的模型结构。BIM 软件创建的模型，其数据应能被完整提取和使用。

2）模型结构由资源数据、共享元素、专业元素组成，可按照不同应用需求形成子模型。

3）子模型应根据不同专业或任务需求创建和统一管理，并确保相关子模型之间信息共享。

4）模型应根据建设工程各项任务的进展逐步细化，其详细程度宜根据建设工程各项任务的需要和有关标准确定。

3. 模型扩展

1）模型扩展应根据专业或任务需要，增加模型元素种类及模型元素数据。

2）增加模型元素种类宜采用实体扩展方式。增加模型元素数据宜采用属性或属性集扩展方式。

3）模型元素宜根据适用范围、使用频率等进行创建、使用和管理。

4）模型扩展不应改变原有模型结构，并应与原有模型结构协调一致。

4.3.5 数据互用

1. 一般规定

1）模型应满足建设工程全生命期协同工作的需要，支持各个阶段、各项任务和各相关方获取、更新、管理信息。

2）模型交付应包含模型所有权的状态，模型的创建者、审核者与更新者，模型创建、审核和更新的时间，以及所使用的软件及版本。

3）建设工程各相关方之间模型数据互用协议应符合国家现行有关标准的规定；当无相关标准时，应商定模型数据互用协议，明确互用数据的内容、格式和验收条件。

4）建设工程全生命期各个阶段、各项任务的建筑信息模型应用标准应明确模型数据交换内容与格式。

2. 交付与交换

1）数据交付与交换前，应进行正确性、协调性和一致性检查，检查应包括下列内容：

数据经过审核、清理。

数据是经过确认的版本。

数据内容、格式符合数据互用标准或数据互用协议。

2）互用数据的内容应根据专业或任务要求确定，并应符合下列规定：

应包含任务承担方接收的模型数据。

应包含任务承担方交付的模型数据。

3）互用数据的格式应符合下列规定：

互用数据宜采用相同格式或兼容格式。

互用数据的格式转换应保证数据的正确性和完整性。

4）接收方在使用互用数据前，应进行核对和确认。

3. 编码与存储

1）模型数据应根据模型创建、使用和管理的需要进行分类和编码。分类和编码应满足数据互用的要求，并应符合建筑信息模型数据分类和编码标准的规定。

2）模型数据应根据模型创建、使用和管理的要求，按建筑信息模型存储标准进行存储。

3）模型数据的存储应满足数据安全的要求。

4.3.6 模型应用

1. 一般规定

1）建设工程全生命期内，应根据各个阶段、各项任务的需要创建、使用和管理模型，并应根据建设工程的实际条件，选择合适的模型应用方式。

2）模型应用前，宜对建设工程各个阶段、各专业或任务的工作流程进行调整和优化。

3）模型创建和使用应利用前一阶段或前置任务的模型数据，交付后续阶段或后置任务创建模型所需要的相关数据，且应满足本标准的有关规定。

4）建设工程全生命期内，相关方应建立实现协同工作、数据共享的支撑环境和条件。

5）模型的创建和使用应具有完善的数据存储与维护机制。

6）模型交付应满足各相关方合约要求及国家现行有关标准的规定。

7）交付的模型、图样、文档等相互之间应保持一致，并及时保存。

2. BIM软件

1）BIM软件应具有相应的专业功能和数据互用功能。

2）BIM软件的专业功能应符合下列规定：

应满足专业或任务要求。

应符合相关工程建设标准及其强制性条文。

宜支持专业功能定制开发。

3）BIM软件的数据互用功能应至少满足下列要求之一：

应支持开放的数据交换标准。

应实现与相关软件的数据交换。

应支持数据互用功能定制开发。

4）BIM软件在工程应用前，宜对其专业功能和数据互用功能进行测试。

3. 模型创建

1）模型创建前，应根据建设工程不同阶段、专业、任务的需要，对模型及子模型的种类和数量进行总体规划。

2）模型可采用集成方式创建，也可采用分散方式按专业或任务创建。

3）各相关方应根据任务需求建立统一的模型创建流程、坐标系及度量单位、信息分类和命名等模型创建和管理规则。

4）不同类型或内容的模型创建宜采用数据格式相同或兼容的软件。当采用数据格式不兼容的软件时，应能通过数据转换标准或工具实现数据互用。

5）采用不同方式创建的模型之间应具有协调一致性。

4. 模型使用

1）模型的创建和使用宜与完成相关专业工作或任务同步进行。

2）模型使用过程中，模型数据交换和更新可采用下列方式：

按单个或多个任务的需求，建立相应的工作流程。

完成一项任务的过程中，模型数据交换一次或多次完成。

从已形成的模型中提取满足任务需求的相关数据形成子模型，并根据需要进行补充完善。

利用子模型完成任务，必要时使用完成任务生成的数据更新模型。

3）对不同类型或内容的模型数据，宜进行统一管理和维护。

4）模型创建和使用过程中，应确定相关方各参与人员的管理权限，并应针对更新进行版本控制。

5. 组织实施

1）企业应结合自身发展和信息化战略确立模型应用的目标、重点和措施。

2）企业在模型应用过程中，宜将 BIM 软件与相关管理系统相结合实施。

3）企业应建立支持建设工程数据共享、协同工作的环境和条件，并结合建设工程相关方职责确定权限控制、版本控制及一致性控制机制。

4）企业应按建设工程的特点和要求制定建筑信息模型应用实施策略。实施策略宜包含下列内容：

工程概况、工作范围和进度，模型应用的深度和范围。

为所有子模型数据定义统一的通用坐标系。

建设工程应采用的数据标准及可能未遵循标准时的变通方式。

完成任务拟使用的软件及软件之间数据互用性问题的解决方案。

完成任务时执行相关工程建设标准的检查要求。

模型应用的负责人和核心协作团队及各方职责。

模型应用交付成果及交付格式。

各模型数据的责任人。

图样和模型数据的一致性审核、确认流程。

模型数据交换方式及交换的频率和形式。

建设工程各相关方共同进行模型会审的日期。

4.4 《建筑信息模型应用统一标准制定说明》

4.4.1 总则

1）2010 年，国务院做出了"坚持创新发展，将战略性新兴产业加快培育成为先导产业和支柱产业"的决定。现阶段，重点培育和发展的战略性新兴产业包括节能环保、新一代信息技术、生物、高端装备制造、新能源、新材料、新能源汽车等。对于其中"新一代信息技术产业"的培育发展，具体包括了促进物联网、云计算的研发和示范应用、提升软件服务、网络增值服务等信息服务能力、加快重要基础设施智能化改造、大力发展数字虚拟等技术要求和内容，详见《国务院关于加快培育和发展战略性新兴产业的决定》（国发〔2010〕32 号，2010 年 10 月）。2011 年，住房和城乡建设部在《2011—2015 年建筑业信息化发展纲要》中明确提出，在"十二五"期间加快建筑信息模型（BIM）、基于网络的协同工作等新技术在工程中的应用。

建筑工业化和建筑业信息化是建筑业可持续发展的必由之路，信息化又是工业化的重要支撑。建筑业信息化乃至工程建设信息化，是在工程建设行业贯彻执行国家战略性新兴产业政策、推动新一代信息技术培育和发展的具体着力点，也将有助于行业的转型升级。

工程建设信息化可有效提高建设过程的效率和建设工程的质量。尽管我国各类工程项目的规划、勘察、设计、施工、运维等阶段及其中的各专业、各环节的技术和管理工作任务都已普遍应用计算机软件，但完成不同工作任务可能需要用到不同的软件，而不同软件之间的信息不能有效交换，以及交换不及时、不准确的问题普遍存在。建筑信息模型技术（后文简称 BIM 技术）支持不同软件之间进行数据交换，实现协同工作、信息共享，并为工程各参与方提供各种决策基础数据。BIM 技术的应用有助于实现我国工程建设信息化。

BIM 技术的应用,一方面是贯彻执行国家技术经济政策,推进工程建设信息化,另一方面可以提高工程建设企业的生产效率和经济效益。为有效发挥标准的引导和约束作用,本标准对建筑信息模型应用提出了统一的基本要求。

2)BIM 技术可广泛应用于建筑工程、铁路工程、公路工程、港口工程、水利水电工程等工程建设领域。对某一具体的工程项目而言,又可以在其全生命期内的各阶段(规划、勘察、设计、施工、运维、拆除)应用。在不同工程建设领域、不同类型工程项目、项目全生命期不同阶段,可采用不同的 BIM 技术应用方式。本标准对各种 BIM 技术应用方式提出基本要求,是建筑信息模型应用的基础标准。

建筑信息模型应用是一项系统性工作。除本标准外,还将有一系列各级各类标准,对BIM 技术应用进行规范和引导。这些建筑信息模型应用的相关标准,应遵守本标准的规定。

3)BIM 技术的应用,不仅要遵守本标准的规定,还应遵守其他 BIM 技术应用标准(如建筑信息模型分类和编码标准,建筑信息模型存储标准等),以及国家法律法规和其他专业技术标准的要求。

4.4.2 术语和缩略语

1. 术语

1)"BIM" 可以指代 "Building Information Modeling" "Building Information Model" "Building Information Management" 三个相互独立又彼此关联的概念。Building Information Model,是建设工程(如建筑、桥梁、道路)及其设施的物理和功能特性的数字化表达,可以作为该工程项目相关信息的共享知识资源,为项目全生命期内的各种决策提供可靠的信息支持。Building Information Modeling,是创建和利用工程项目数据在其全生命期内进行设计、施工和运营的业务过程,允许所有项目相关方通过不同技术平台之间的数据互用在同一时间利用相同的信息。Building Information Management,是使用模型内的信息支持工程项目全生命期信息共享的业务流程的组织和控制,其效益包括集中和可视化沟通、更早进行多方案比较、可持续性分析、高效设计、多专业集成、施工现场控制、竣工资料记录等。在本标准中,将建筑信息模型的创建、使用和管理统称为 "建筑信息模型应用",简称 "模型应用"。单提"模型" 时,是指 "Building Information Model"。

2)在本标准的条文中,"模型" 一词是 "建筑信息模型" 和 "建筑信息子模型" 的统称。如遇到需单独表述 "建筑信息子模型" 的情况,则采用 "子模型" 作为简称。

3)建筑信息模型元素包括工程项目的实际构件、部件(如梁、柱、门、窗、墙、设备、管线、管件等)的几何信息(如构件大小、形状和空间位置)、非几何信息(如结构类型、材料属性、荷载属性)以及过程、资源等组成模型的各种内容。本标准中的共享元素、专业元素均属于模型元素的范畴。

4)相对传统的 CAD 软件而言,BIM 软件使用模型元素,CAD 软件使用图形元素,BIM 软件可以比 CAD 软件处理更丰富的信息,如技术指标、时间、成本、生产厂商等;BIM 软件具有结构化程度更高的信息组织、管理和交换能力。因此,本标准将专业技术能力、信息管理能力和信息互用能力作为判断是否 BIM 软件以及软件 BIM 能力的基本指标。

2. 缩略语

BIM 技术可由工程项目各相关方以不同的方法有效实施。结合我国多年的 BIM 研究与实践结果，本标准提出了基于工程实践的建筑信息模型应用方式，简称 P BIM 方式。从国内外实际情况而言，BIM 的基本概念和发展目标是比较清楚和一致的，但实现 BIM 应用目标和价值的具体方法、步骤目前世界各国都还处于探索阶段，因此基于已有的工程建设实践开展 BIM 应用是一种比较可行和切实有效的方式。P BIM 方式针对工程建设参与方的各项任务，在组合应用各种软件时，以信息资源互用为抓手，收集、组织并聚合相关任务应用软件成果信息，为其他任务应用软件提供可互用的信息资源。

在实际应用过程中，不同工程建设领域的项目，均可以按照一定规则划分为若干子项目，子项目又可以划分为若干任务。每个参与方的任务分工，以及与其他参与方的任务衔接都是明确的。在完成任务的过程中，每个参与方都需要利用相关的信息资源，使用与任务相关的应用软件，得到相应的任务成果信息以及为其他任务准备的交换信息。P BIM 方式使 BIM 应用更加符合我国工程实践需要，可以作为在我国实现 BIM 应用的主要技术路线之一。

4.4.3 基本规定

1）实现建设工程各相关方的协同工作、信息共享是 BIM 技术能够支持工程建设行业工作质量和工作效率提升的核心理念和价值。本条对此提出原则要求。

2）在建设工程全生命期内实现协同工作、信息共享，可最大限度地发挥 BIM 技术的作用，提高效率和效益。但由于目前 BIM 技术应用尚处于初级阶段，限于各种条件，有时候很难覆盖建设工程全生命期，或者即使能够应用其投入产出比也不合理。此时，可根据工程实际情况和需要，在工程全生命期内的若干阶段（规划、勘察、设计、施工、运维或拆除）或若干项任务中应用 BIM 技术。

3）模型应用应根据实际情况，如工程特点、协作方 BIM 应用能力等，选择合适的方式。BIM 技术可由建设工程各相关方以各种不同的方式有效地使用。在建设工程的不同阶段，可能有重要的业务驱动因素需要以不同方式使用 BIM 技术；不同的工程建设领域有不同的业务驱动因素，其 BIM 技术的实施方式也可能不同。以建设工程全生命期的不同任务为驱动因素，采用基于工程实践的 BIM 应用方式（P BIM）是较为实用的 BIM 应用方式之一。在全生命期 BIM 软件信息交换标准还没有统一前，各企业、各项目以及项目的不同阶段都可用约定信息交换标准来实施 BIM 技术。通过实践，最终将形成不同领域的项目全生命期 BIM 软件信息交换标准。

4）保证信息安全的措施包括适宜的软硬件环境、设置操作权限、进行防灾备份等。

5）软件符合相关工程建设标准及其强制性条文的规定，既是对软件的基本要求，也是保证软件产生结果准确性的前提条件。BIM 软件要加强查验模型及其应用是否符合相关工程建设标准及其强制性条文功能的研制，以保证 BIM 技术应用时的工程质量、安全和性能。

6）BIM 软件是工程项目各参与方（包括技术和管理人员）执行标准、完成任务的必要工具。BIM 应用水平与 BIM 软件的专业技术水平、数据管理能力和数据互用能力密切相关。对此进行评估，既可对软件的专业技术水平、实现协同工作和信息共享的能力进行认定，也可为提升 BIM 应用水平以及合理认定 BIM 技术的实际应用水平积累数据、奠定基础。

4.4.4 模型结构与扩展

1. 一般规定

1）建设工程全生命期一般可划分为规划、勘察、设计、施工、运行维护、改造、拆除等阶段。各项任务是指各个阶段涉及的建筑、结构、给水排水、暖通空调、电气、消防等多个专业任务。各相关的参与方一般包括建设单位、勘察设计单位、施工单位、监理单位以及材料设备供应商等。

2）模型、子模型应按照一定的模型结构体系进行信息的组织和存储，否则会产生大量冗余的模型元素和信息，并可能导致模型数据的不一致等问题，难以支持建设工程全生命期各个阶段、各项任务和各相关方之间交换信息的一致性和信息共享。模型应用涉及多个子模型间的信息交换，只有保证所有获取信息的唯一性和一致性，才能确保模型数据的正确应用。

不同来源同一模型数据的唯一性可有效减少数据冗余，是建设工程全生命期海量模型数据管理的重要条件。采用不同方式表达的模型数据的一致性可避免数据差异和逻辑矛盾，是建设工程全生命期各个阶段、各项专业任务、各相关参与方模型共享和数据互用的基本保证。

3）共享模型元素在建设工程全生命期内能够被唯一识别是模型共享和数据互用的必要条件，可以通过设置模型元素的唯一标识属性来实现。

4）模型结构的开放性和可扩展性可实现面向应用需求的模型扩展和应用，是支持模型在建设工程全生命期内应用的必要条件。模型结构的开放性是通过提供开放的或标准的接口、服务和支持形式，以满足采用不同模型应用软件对模型数据的共享和互用。模型结构的可扩展性是通过提供开放的模型扩展方法和工具，易于按照应用需求增添、变更模型元素及数据，保证在建设工程全生命期内模型的可维护性和完整性。

2. 模型结构

1）不同软件都有各自的模型结构。工业基础类（industry foundation classes，IFC）模型结构是目前广泛采用的公开模型结构。工业基础类标准（IFC 标准）最初于 1997 年由国际协同工作联盟（international alliance of interoperability，IAI，现已更名为 building SMART international，bSI）发布，为工程建设行业提供一个中性、开放的建筑数据表达和交换标准。其第 1 版 IFC1.0 主要描述建筑模型部分（包括建筑、暖通空调等）；1999 年发布了 IFC2.0，支持对建筑维护、成本估算和施工进度等信息的描述；2003 年发布的 IFC2×2 则在结构分析、设施管理等方面做了扩展；2006 年发布的 IFC2×3 版本实现了对建筑绝大多数信息的描述。2012 年，bSI 发布了最新的 IFC4 版本，在内容上进行了较大扩展和调整，包括扩展和完善构件类型、属性表达、过程定义等；简化成本信息定义；重构和调整施工资源、结构分析等部分的信息描述；增加了 4D、GIS 等应用模型的支持，数据格式上升级为 ifcXML4，并新增了 mvdXML。经历十几年的不断发展和完善，IFC 标准已被采纳为国际标准 ISO16739，并成为目前国际上建筑数据表达和交换的事实标准。其核心部分已被等同采用为国家标准《工业基础类平台规范》，编号为 GB/T 25507—2010。

随着 BIM 技术的发展和应用，针对模型数据互用需要解决三个关键问题：①对所需要交换信息的格式规范；②对信息交换过程的描述；③对所交换信息的准确定义。bSI 继推出

IFC 标准后, 于 2006 年推出信息交付手册 (Information Delivery Manual, IDM), 用于指导 BIM 数据的交换过程, 提出国际字典框架 (International Framework for Dictionaries, IFD), 建立建筑行业术语体系, 避免不同语种、不同词汇描述信息产生的歧义。IFC、IDM 和 IFD 分别对应并解决以上三个关键问题, 对 BIM 的数据信息存储与表达、交换与交付、术语与编码进行了规范。IFC、IDM、IFD 均已列为 ISO 国际标准, 三者相结合成为当前 BIM 应用的系列标准。

2) IFC 标准采用面向对象的数据建模语言 EXPRESS 进行模型数据表达, 以"实体" (Entity) 作为数据定义的基本元素, 通过预定义的类型、属性、方法及规则来描述建筑对象及其属性、行为和特征。一个完整的 IFC 模型由类型 (Type)、实体 (Entity)、函数 (Function)、规则 (Rule)、属性集 (Property Set) 以及数量集 (Quantity Set) 组成。IFC 模型划分为四个功能层次: 资源层、核心层、共享层和领域层。每个层次又分为不同的模块, 并遵守"重力原则", 即每个层次只能引用同层次和下层的信息资源, 而不能引用上层信息资源, 这有利于保证信息描述的稳定。IFC4 版本定义的模型结构如图 4.4-1 所示, 每个功能层的各模块分别由不同类型的模型元素组成, 其中资源层包含资源数据, 核心层与共享层包含共享核心元素和共享模型元素, 领域层包含专业模型元素。说明如下:

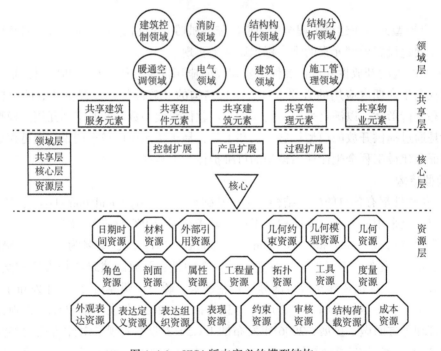

图 4.4-1　IFC4 版本定义的模型结构

①资源数据: 能支持共享模型元素和专业模型元素的基础信息描述。资源数据主要包括以下几类:

A. 几何资源: 建筑的空间几何信息, 包含几何模型、几何约束、拓扑关系及其相关资源。

B. 材料资源: 建筑构件的材料及材质, 包含材料名称、类别、材质、成分比例、关联构件及位置等。

C. 日期时间资源：事件时间、任务时间和资源时间信息，包含其日期、时间和持续时长等。

D. 角色资源：参与方的组织和个人信息，包含企业和个人的名称、角色、地址、从属关系以及其他相关描述等。

E. 成本资源：建设成本信息，包含成本项、成本量、关联构件/属性、关联清单、计算公式、币种及兑换关系等。

F. 荷载资源：结构荷载信息，包含荷载类型、大小、作用位置或区域等。

G. 度量资源：度量单位，包含字符及数字变量、国际标准单位、导出单位等。

H. 模型表达资源：模型表达定义和信息，包含表达定义、外观表达、表达组织以及表现资源等。

I. 其他资源：包含属性、工程量、剖面、工具、约束、审核以及外部引用等资源数据。

②共享核心元素：IFC核心层定义了IFC模型的基本框架和扩展机制。在IFC模型中，除资源层类型外，所有实体类型均由核心层实体IfcRoot继承而来。核心层主要定义了各类模型元素的抽象父类型，包含核心、控制扩展、产品扩展、过程扩展四个模块，提供了一系列共享的模型元素抽象父类型，包括以下几类：

A. 产品（Product）：项目中所需供应、加工或生产的物理对象。

B. 过程（Process）：描述逻辑有序的工作方案、计划以及工作任务的信息。

C. 控制（Control）：控制和约束各类对象、过程和资源的使用，可以包含规则、计划、要求和命令等。

D. 资源（Resource）：用于描述过程中所使用的对象的资源元素。

E. 人员（Actors）：参与项目生命期的人和代理人。

F. 组（Group）：任意对象的集合。

G. 关系（Relationship）：表达模型对象之间关联关系的元素，包含一对一关系和一对多关系两类。

H. 对象类型（Object Type）：描述一个类型的特定信息，可通过与实例的关联来指定一类实例的共同属性。

I. 属性（Property）：表达对象特性信息的元素，可以与模型对象相关联。

J. 代理（Proxy）：一种可以通过相关属性定义的实体对象，可以具有一定的语义含义并且可附加属性，主要用于扩展IFC的语义结构。

③共享模型元素：能表达模型的共享信息，可用于不同应用领域之间的信息交互。主要包含以下几类：

A. 共享建筑服务元素：用于暖通、电气、给水排水和建筑控制领域之间信息互用的基本元素，主要包括水、暖、电系统相关的基本实体、类型、属性集和数量集。

B. 共享组件元素：定义不同种类的小型组件，包括部件、附件、紧固件等基本实体、类型、属性集。

C. 共享建筑元素：建筑结构的主要构件，包括墙、梁、板、柱等基本实体、类型、属性集和数量集。

D. 共享管理元素：包括指令、要求、许可、成本表、成本项等建筑生命期各阶段通用管理相关的实体、类型和属性集。

E. 共享设施元素：包括家具设备、资产、资产清单、资产占有者等设施管理相关的实体、类型和属性集。

④专业模型元素：专业模型元素包括建筑、结构、给水排水、暖通、电气、消防、建筑控制、施工管理等专业特有的模型元素和专业信息，以及所引用的相关共享模型元素。专业模型元素可以是专业特有的元素类型，也可以是共享模型元素的扩展和深化。

3）子模型是相对于整体模型的概念，是整体模型中支持特定应用功能的模型子集。子模型一般面向专业或任务，应包含专业或任务所需的专业模型元素以及形成完备信息模型所需的共享模型元素和资源数据，应具有支持完成专业或任务应用需求的基本信息。

IFC 模型结构中，是通过子模型视图来定义和构建子模型的。子模型视图提供了子模型中实体、属性、属性集、关联关系等模型元素的完整定义和应用规范，可针对工程项目全生命期某一个或多个任务需求构建相应的子模型。其实现方法可参照 building SMART 发布的 MVD（Model View Definition）和 IDM（Information Delivery Manual）。

4）随着工程项目各项任务的进展，如设计阶段的方案设计、初步设计、施工图设计，施工阶段的施工准备、施工过程、竣工交付等，需要对模型不断丰富、细化。在任务进展过程中，模型详细程度随模型创建和应用不断调整、细化。首先，不同的项目、任务需求，会有不同的模型详细程度需求，例如包括哪些模型元素。其次，每个模型元素的详细程度在不同项目、任务时也会不同，例如其几何形状、专业信息的详细程度。

3. 模型扩展

1）根据专业或任务的需要，模型应可扩展，增加新的模型元素或元素属性信息，保证模型能满足专业或任务应用的需求。

2）模型的扩展需要数据描述标准的支持。数据描述标准中应定义实体扩展、属性扩展以及属性集扩展的方法和流程，以及各扩展方式的适用范围与要求、扩展结果的表述与验证方法、成果的认定与转换方式等。国际标准 ISO16739：2013 定义了实体扩展和属性集扩展方式。

3）有必要建立国家和行业级、企业级、项目级模型元素库，推动工程项目相关构件、部件、设备生产厂商提供产品模型。

4）保持模型扩展前后模型结构的一致性，是保障模型在建设工程全生命期不同阶段、不同专业和任务以及不同参与方应用的必要条件。

4.4.5 数据互用

1. 一般规定

1）BIM 技术应用过程中，建设工程全生命期各个阶段、各项任务和各相关方都需要获取、更新和管理信息，包括在模型中插入、获取、更新和修改信息，以履行修改完善模型数据的职责，并完成相应任务。数据互用是解决信息孤岛、实现信息共享和协同工作的基本条件和具体工作。为满足数据互用要求，模型必须考虑其他阶段、其他相关方的需要。

2）本条规定了模型交付时模型创建、审核和更新工作的人员、时间等信息要求，以备查考。

3）符合有关标准要求的建设工程各相关方之间模型数据互用协议，是保证顺利实现数据互用的基础。考虑到目前相关 BIM 应用标准尚在编制中，当没有相关标准时，可由各相关方商定数据互用协议。

4）目前，建设工程全生命期各个阶段、各项任务的建筑信息模型应用标准正在编制过程中。这些标准需要更有针对性地提出本阶段、本任务及相关任务间数据互用的内容与格式要求。

2. 交付与交换

1）模型、子模型应具有正确性、协调性和一致性，这样才能保证数据交付、交换后能被数据接收方正确、高效地使用。模型数据交换的格式应以简单、快捷、实用为原则。为便于多个软件间的数据交换与交付，这些软件可采用 IFC 等开放的数据交换格式。通常情况下模型不是一次性完成的，而且完成每个专业或任务所需要使用的数据和用于交付或交换的数据也是不完全一样的。因此，在交付或交换前对模型进行审核、清理以及清楚定义模型版本是保证模型数据可靠性的必要工作。

2）不同的专业和任务需要的模型数据内容是不一样的。

3）理论上任何不同形式和格式之间的数据转换都有可能导致数据错漏，因此在有条件的情况下应尽可能选择使用相同数据格式的软件。当必须进行不同格式之间的数据交换时，要采取措施（例如实际案例测试等）保证交换以后数据的正确性和完整性。

4）一般而言，数据使用方（接收方）必须对自己需要使用的数据是否正确和完整负责。因此，在互用数据使用前，为保证互用数据的正确、高效使用，接收方应对互用数据的正确性、协调性和一致性以及其内容和格式进行核对和确认。

3. 编码与存储

1）对数据进行分类和编码是提高数据可用性和数据使用效率的基础。

2）按有关标准存储模型数据是模型支持建设工程全生命期各阶段、各参与方、各专业和任务应用的有效措施。

3）模型包含比 CAD 更丰富的数据，而且模型数据也无法像 CAD 数据一样进行硬拷贝保存，数字形式是模型数据的唯一保存形式。因此，模型数据的安全性问题比 CAD 数据的安全性问题更复杂，需要有切实可行的措施保证安全，包括存储介质安全、访问权限安全、数据发布安全等。

4.4.6 模型应用

1. 一般规定

1）模型应用包括模型的创建、使用和管理。目前我国 BIM 应用总体还处于起步阶段，BIM 应用受限于从业人员技能、软硬件条件、各参与方协同模式以及模型应用范围等因素。针对不同的协同方式与应用范围，BIM 应用可采用集成或综合应用以及专业任务单项应用两种方式。不论采用何种模型应用方式，模型与子模型都应根据相关法律法规、标准规范、管理流程等，为完成本任务及后续相关工作提供充足的信息。

模型创建和使用前，应根据项目需求以及 BIM 应用环境和条件，选择合适的 BIM 应用方式。BIM 应用宜按照"重点突破，渐进发展"的策略，从重点的单任务应用到多任务应用，循序渐进，不断提升，最终实现建设工程全生命期 BIM 集成应用。

2）BIM 技术应用正在推动工程建设领域规划、设计、施工、运维的一系列技术和管理创新，促进行业行为模式和管理方式的转变。BIM 技术应用会改变工程建设各个阶段或各项任务的生产方式和工作流程。在模型创建和使用前，结合 BIM 应用重新梳理、调整并优化原有工作流程，改进生产方式和管理方法，可更好地保证 BIM 技术应用的顺利实施和价值实现，提高效率和效益。

3）前一阶段模型或前置任务模型交付，应包含后续阶段或后置任务创建模型所需要的相关信息，并满足本标准规定的模型数据互用要求。前一阶段交付模型应便于下一阶段模型创建，保证所包含的共享信息的正确性和一致性。

4）有条件的 BIM 应用相关方，应建立支撑 BIM 数据共享及协同应用的设备及网络环境，可结合相关方职责确定用户权限，明确数据交换的格式、内容以及各参与方的协同工作流程和数据所有权，提供相应的多用户权限控制及数据一致性控制机制。

5）建立实施完善的数据存储、跟踪与维护机制，跟踪数据修改，避免多用户修改带来的数据不一致，不仅可保证数据安全，还可充分利用现有配置的硬件和软件资源，加快数据处理速度，提升数据存储性能，方便用户对数据的访问和管理。

6）本条所指相关规定包括有关法律、法规、规章、规范性文件。

7）每一次交付的模型、图样、文档要一一对应，避免出现三者不一致。

2. 软件

1）BIM 软件是对建筑信息模型进行创建、使用、管理的软件。BIM 软件的专业功能是指其满足专业工作和任务要求的能力，数据互用功能是指其与其他相关软件进行数据交换的能力。

2）BIM 软件的专业功能应满足完成特定专业工作和任务的要求，并符合相关工程建设标准的要求。BIM 软件支持专业功能定制开发，可提升软件的专业功能，提高使用的效率和效益。

3）BIM 软件数据互用功能实现方式有 IFC 支持、不同软件之间双方约定以及提供开发工具等方式。

4）由于 BIM 软件发展时间短、种类多、涉及专业或任务广、处理信息量大、对硬件资源要求高等原因，为保证 BIM 技术在实际工程中的应用顺利进行，采用相似条件测试 BIM 软件的专业功能和数据互用功能，可以避免 BIM 应用过程中因为模型组织不合理等因素而不得不返工重做或更换软硬件等问题的出现。

3. 模型创建

1）模型创建前，应根据工程项目、阶段、专业、任务的需要，按照所选择 BIM 应用方式及其 BIM 应用环境和条件，对模型以及子模型的种类和数量进行总体规划。其中对子模型可支持的应用功能、数据交换需求以及各子模型间相互关系的确定，可参照 buildingSMART 发布的 IDM 和 ISO29481 标准，并综合考虑我国建筑相关标准规范、工作流程以及后续任务需求。

2）采用集成方式创建模型可支持各专业和任务基于同一个模型完成工作。分散方式是指不同专业和任务基于各自创建的不同模型完成工作。

3）模型创建前，各相关方应共同制定模型创建规程或信息互用协议，建立统一的模型创建流程、坐标系及度量单位、信息分类、编码和命名等模型创建和协调规则。在模型创建过程中，各相关方应严格遵循统一的规程和协议，并定期进行模型会审，及时协调并解决潜在的模型和专业冲突，确保各相关方采用不同方式、不同软件创建的模型，符合专业协调和模型数据一致性要求，同时避免建模失败、成本增加及工期延误。

4）采用数据格式相同或兼容的软件创建模型，可有效地保证模型数据互用的质量和效率。由于目前的 BIM 软件采用的数据格式和标准不统一，也缺乏通用的 BIM 数据共享工具，为了确保模型数据的互用性、准确性、完备性，支持模型的统一存储和管理，做出此规定。当采用数据格式不兼容的软件时，需要准备好数据转换标准或工具实现数据互用。常用的数据转换工具包括应用程序接口、软件模块等。

5）尽管可以采用的模型创建方式和软件各有不同，但均应通过规范建模及协作流程等方式，保证模型之间协调一致。

4. 模型使用

1）建设工程全生命期包括规划、设计、施工、运维等多个阶段，参与方涉及众多专业、部门和企业。模型创建和使用通常是随着工程进展和需要分阶段、按任务由不同的参与方完成。各参与方应充分利用前一阶段或前置任务子模型，通过对其模型数据进行提取、扩展和集成，形成本阶段或任务子模型，并在模型应用过程中不断补充、完善模型数据。即模型创建和使用与相关任务同步进行，实现模型对完成相关任务的支持。

2）本条提出模型使用过程中的数据交换和更新方式，参照了 building SMART 发布的 IDM 和 ISO29481 标准，采用面向工作流程的数据交换方式。IDM 可面向特定的业务流程和信息交换需求，定义模型数据的交换及过程。其实现方法是通过建立特定任务的业务流程和相应的信息交换需求，利用 MVD 子模型视图定义方法创建支持该任务需求的子模型，从而支持该任务各参与方之间准确、高效的信息交付与共享。

3）对不同类型或内容的模型数据，目前常用的存储方式有数据库、文件，均宜进行统一管理和维护。

4）模型创建、使用、管理的过程可能贯穿建设工程全生命期，涉及所有参与方和利益相关方，时间跨度大、牵涉人员广，权限和版本控制是其中最基本和重要的保障措施，可保证信息的更新可追溯。

5. 组织实施

1）工程建设信息化既是行业发展的重要方向之一，也是对于业内各家企业的发展要求。因此，企业应根据自身实际，制定并执行企业信息化战略规划，同时充分考虑 BIM 技术的实施应用。当前，企业信息化基本停留在管理信息化和技术信息化互相孤立的阶段，如能结合 BIM 技术实现两者的集成或融合，能使企业信息化更加全面和完善。

2）为了实现协同工作、数据共享，建设工程参与企业应首先做好数据软、硬件方面的准备工作，并根据职责确立包括各类用户的权限控制、软件和文件的版本控制、模型的一致性控制等在内的管理运行机制，以保障 BIM 应用顺利进行。

4.5 《建筑工程施工信息模型应用标准》

4.5.1 总则

1）为贯彻执行国家技术经济政策，规范和引导建筑工程施工信息模型应用，支撑建筑工程施工领域信息化实施，提高信息应用效率和效益，制定本标准。

2）本标准适用于建筑工程施工信息模型的创建、使用和管理。

3）建筑工程施工信息模型应用，除应符合本标准外，尚应符合国家现行有关规范、规

程和标准的规定。

4.5.2 术语

1）建筑信息模型 building information model/ building information modeling（BIM） 这个术语有两层含义：①建设工程及其设施物理和功能特性的数字化表达，在全生命期内提供共享的信息资源，并为各种决策提供基础信息，简称模型；②建筑信息模型的创建、使用和管理过程，简称模型应用。

2）建筑信息模型元素 BIM element 建筑信息模型的基本组成单元，简称模型元素。

3）模型细度 level of development（LOD） 模型元素组织及其几何信息和非几何信息的详细程度。

4）施工信息模型 building information model in construction 在施工阶段应用的建筑信息模型，是深化设计模型、施工过程模型、竣工模型等的统称，简称施工模型。

4.5.3 基本规定

1）施工 BIM 应用宜覆盖工程项目深化设计、施工实施、竣工验收与交付等整个施工阶段，也可根据工程实际情况只应用于某些环节或任务。

2）施工模型宜在设计模型基础上创建，也可在施工图等已有工程文件基础上创建。

3）各相关方宜在施工 BIM 应用中协同工作、共享模型数据。

4）各相关方应采取协议约定等措施，保证施工模型中需共享的数据在施工各环节之间交换和应用。

5）各相关方应根据 BIM 应用目标和范围选用具备相应功能的 BIM 软件。

6）BIM 软件应具备下列基本功能：

①模型输入、输出。

②模型浏览或漫游。

③模型信息处理。

④相应的专业应用功能。

⑤应用成果处理和输出。

4.5.4 施工 BIM 应用策划与管理

1. 一般规定

1）工程项目宜根据企业和项目特点、合约要求、各相关方 BIM 应用水平等，确定 BIM 应用目标和应用范围。

2）项目相关方应事先制定 BIM 应用策划，并遵照策划完成 BIM 应用过程管理。

3）施工 BIM 应用策划应与项目整体计划协调一致。

4）施工 BIM 应用宜明确 BIM 应用基础条件，建立与 BIM 应用配套的人员组织结构和软硬件环境。

2. 施工 BIM 应用策划

1）施工 BIM 应用策划宜包括下列主要内容：

①工程概况。

②编制依据。

③应用预期目标和效益。

④应用内容和范围。

⑤应用人员组织和相应职责。

⑥应用流程。

⑦模型创建、使用和管理要求。

⑧信息交换要求。

⑨模型质量控制规则。

⑩进度计划和模型交付要求。

⑪应用基础技术条件要求，包括软硬件的选择以及软件版本。

2）BIM应用流程宜分整体流程和详细流程两个层次编制，并满足下列要求：

①在整体流程中，宜描述不同BIM应用之间的顺序关系、信息交换要求，并为每项BIM应用指定责任方。

②在详细流程中，宜描述BIM应用的详细工作顺序，包括每项任务的责任方、参考信息和信息交换要求等。

3）施工BIM应用策划宜按下列步骤进行：

①明确BIM应用为项目带来的价值以及BIM应用的范围。

②以BIM应用流程图形式表述BIM应用过程。

③定义BIM应用过程中的信息交换需求。

④明确BIM应用的基础条件，包括合同条款、沟通途径以及技术和质量保障措施等。

4）施工BIM应用策划应分发给项目各相关方，并纳入工作计划。

5）施工BIM应用策划调整应获得各相关方认可。

3. 施工BIM应用管理

1）各相关方应明确施工BIM应用责任、技术要求、人员及设备配置、工作内容、岗位职责、工作进度等。

2）各相关方应基于BIM应用策划，建立定期沟通、协商会议等BIM应用协同机制，建立模型质量控制计划，规定模型细度、模型数据格式、权限管理和责任方，实施BIM应用过程管理。

3）模型质量控制宜包括下列内容：

①浏览检查：保证模型反映工程实际。

②拓扑检查：检查模型中不同模型元素之间相互关系。

③标准检查：检查模型是否符合相应的标准规定。

④信息核实：复核模型相关定义信息，并保证模型信息准确、可靠。

4）宜结合BIM应用目标，对BIM应用效果进行定性或定量评价，并总结实施经验及改进措施。

4.5.5 施工模型

1. 一般规定

1）施工模型可划分为深化设计模型、施工过程模型、竣工模型。

2）项目施工模型应根据 BIM 应用相关专业和任务的需要创建，其模型元素和模型细度应满足深化设计、施工过程和竣工验收等各项任务的要求。

3）施工模型可采用集成方式统一创建，也可采用分工协作方式按专业或任务分别创建。项目施工模型应采用全比例尺和统一的坐标系、原点、度量单位。

4）在模型转换和传递过程中，应保证完整性，不应发生信息丢失或失真。

5）模型元素信息宜包括尺寸、定位等几何信息；名称、规格型号、材料和材质、生产厂商、功能与性能技术参数以及系统类型、连接方式、安装部位、施工方式等非几何信息。

2. 施工模型创建

1）深化设计模型宜在施工图设计模型基础上，通过增加或细化模型元素创建。

2）施工过程模型宜在施工图设计模型或深化设计模型基础上创建。宜按照工作分解结构（Work Breakdown Structure，WBS）和施工方法对模型元素进行必要的切分或合并处理，并在施工过程中对模型及模型元素动态附加或关联施工信息。

3）竣工模型宜在施工过程模型基础上，根据项目竣工验收需求，通过增加或删除相关信息创建。

4）若发生设计变更，应相应修改施工模型相关模型元素及关联信息，并记录工程及模型的变更信息。

5）模型或模型元素的增加、细化、切分、合并、合模、集成等所有操作均应保证模型数据的正确性和完整性。

3. 模型细度

1）施工模型按模型细度可划分为深化设计模型、施工过程模型和竣工模型，其等级代号应符合表 4.5-1 的规定，模型细度可按附表 A 采用。

表 4.5-1　施工模型细度

名称	代号	形成阶段
施工图设计模型	LOD300	施工图设计阶段（设计交付）
深化设计模型	LOD350	深化设计阶段
施工过程模型	LOD400	施工实施阶段
竣工模型	LOD500	竣工验收和交付阶段

2）土建、机电、钢结构、幕墙、装饰装修等深化设计模型，应支持深化设计、专业协调、施工工艺模拟、预制加工、施工交底等 BIM 应用。

3）施工过程模型宜包括施工模拟、进度管理、成本管理、质量安全管理等模型，应支持施工模拟、预制加工、进度管理、成本管理、质量安全管理、施工监理等 BIM 应用。

4）在满足 BIM 应用需求的前提下，宜采用较低的模型细度。

5）在满足模型细度的前提下，可使用文档、图形、图像、视频等扩展模型信息。

6）模型元素应具有统一的分类、编码和命名。模型元素信息的命名和格式应统一。

4. 模型信息共享

1）施工模型应满足项目各相关方协同工作的需要，支持各专业和各相关方获取、更新、管理信息。

2）对于用不同软件创建的施工模型，宜应用开放或兼容数据交换格式，进行模型数据转换，实现各施工模型的合模或集成。

3）共享模型元素应能被唯一识别，可在各专业和各相关方之间交换和应用。

4）模型应包括信息所有权的状态、信息的创建者与更新者、创建和更新的时间以及所使用的软件及版本。

5）各相关方之间模型信息共享和互用协议应符合有关标准的规定。

6）模型信息共享前，应进行正确性、协调性和一致性检查，并应满足下列要求：

①模型数据已经过审核、清理。

②模型数据是经过确认的最终版本。

③模型数据内容和格式符合数据互用协议。

4.5.6 深化设计 BIM 应用

1. 一般规定

1）建筑施工中的现浇混凝土结构、预制装配式混凝土结构、钢结构、机电、幕墙、装饰装修等深化设计工作宜应用 BIM 技术。

2）深化设计应制定设计流程，确定模型校核方式、校核时间、修改时间、交付时间等。

3）深化设计软件应具备空间协调、工程量统计、深化设计图和报表生成等功能。

4）深化设计图除应包括二维图外，也可包括必要的模型三维视图。

2. 现浇混凝土结构深化设计 BIM 应用

（1）应用内容

1）现浇混凝土结构中的二次结构设计、预留孔洞设计、节点设计（包括梁柱节点钢筋排布，型钢混凝土构件节点设计）、预埋件设计等工作宜应用 BIM 技术。

2）在现浇混凝土结构深化设计 BIM 应用中，可基于施工图设计模型和施工图创建土建深化设计模型，完成二次结构设计、预留孔洞设计、节点设计、预埋件设计等设计任务，输出工程量清单、深化设计图等（图 4.5-1）。

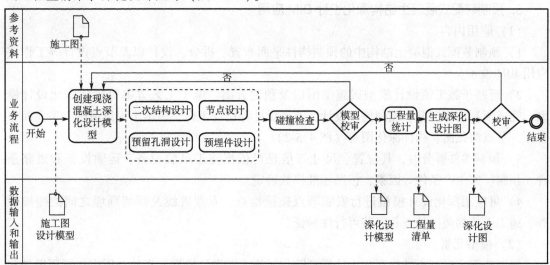

图 4.5-1　现浇混凝土深化设计 BIM 典型应用示意

（2）模型元素

现浇混凝土结构深化设计模型除应包括施工图设计模型元素外，还应包括二次结构、预埋件和预留孔洞、节点等类型的模型元素，其内容宜符合表 4.5-2 规定。

表 4.5-2 现浇混凝土结构土建深化设计模型元素及信息

模型元素类型	模型元素及信息
施工图设计模型包括的元素类型	施工图设计模型元素及信息
二次结构	构造柱、过梁、止水反梁、女儿墙、压顶、填充墙、隔墙等。几何信息应包括准确的位置和几何尺寸。非几何信息应包括类型、材料、工程量等信息
预埋件及预留孔洞	预埋件、预埋管、预埋螺栓等以及预留孔洞。几何信息应包括准确的位置和几何尺寸。非几何信息应包括类型、材料等信息
节点	构成节点的钢筋、混凝土以及型钢、预埋件等。节点的几何信息应包括准确的位置、几何尺寸及排布，非几何信息应包括节点编号、节点区材料信息、钢筋信息（等级、规格等）、型钢信息、节点区预埋信息等

（3）交付成果和软件要求

1）现浇混凝土结构深化设计 BIM 交付成果宜包括深化设计模型、碰撞检查分析报告、工程量清单、深化设计图等。

2）碰撞检查分析报告应包括碰撞点的位置、类型、修改建议等内容。

3）现浇混凝土结构深化设计 BIM 软件除具有本规范规定的共性功能外，还宜具有下列专业功能：

①二次结构设计。

②孔洞预留。

③节点设计。

④预埋件设计。

⑤模型的碰撞检查。

⑥深化图生成。

3. 预制装配式混凝土结构深化设计 BIM 应用

（1）应用内容

1）预制装配式混凝土结构中的预制构件平面布置、拆分、设计以及节点设计等工作宜应用 BIM 技术。

2）可基于施工图设计模型或施工图以及预制方案、施工工艺方案等创建深化设计模型，完成预制构件拆分、预制构件设计、节点设计等设计工作，输出工程量清单、平立面布置图、节点深化图、构件深化图等（图 4.5-2）。

3）预制构件拆分时，其位置、尺寸等信息可依据施工吊装设备、运输设备和道路条件、预制厂家生产条件等因素，按照标准模数确定。

4）可应用深化设计模型进行安装节点碰撞检查、专业管线及预留预埋之间的碰撞检查、施工工艺的碰撞检查和安装可行性验证。

（2）模型元素

预制装配式混凝土结构深化设计模型除包括施工图设计模型元素外，还应包括预埋件和预留孔洞、节点和临时安装措施等类型的模型元素，其细度宜符合表 4.5-3 规定。

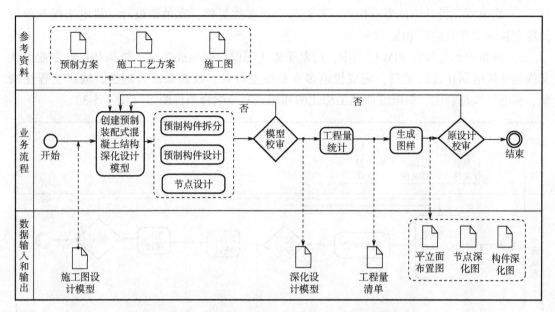

图 4.5-2　预制混凝土深化设计 BIM 典型应用示意

表 4.5-3　预制装配式混凝土结构土建深化模型元素及信息

模型元素类型	模型元素及信息
施工图设计模型包括的元素类型	施工图设计模型元素及信息
预埋件	预埋件、预埋管、预埋螺栓等以及预留孔洞。几何信息应包括准确的位置和几何尺寸。非几何信息应包括类型、材料等信息
节点连接	节点连接的材料、连接方式、施工工艺等。几何信息应包括准确的位置、几何尺寸及排布。非几何信息应包括节点编号、节点区材料信息、钢筋信息（等级、规格等），型钢信息、节点区预埋信息等
临时安装措施	预制混凝土构件安装设备及相关辅助设施。非几何信息应包括设备设施的性能参数等信息

（3）交付成果和软件要求

1）预制装配式混凝土结构深化设计阶段的交付成果宜包括深化设计模型、专业协调分析报告、设计说明、平立面布置图以及节点、预制构件深化图和计算书等。

2）预制装配式混凝土结构深化设计 BIM 软件除具有本规范规定的共性功能外，还宜具有下列专业功能：

①预制构件拆分。

②预制构件设计计算。

③节点设计计算。

④预留预埋件设计。

⑤模型的碰撞检查。

⑥深化图生成。

4. 机电深化设计 BIM 应用

（1）应用内容

1）机电深化设计中的专业协调、管线综合、参数复核、支吊架设计、机电末端和预留预埋定位等工作宜应用 BIM 技术。

2）在机电深化设计 BIM 应用中，可基于施工图设计模型或建筑、结构和机电专业设计文件创建机电深化设计模型，完成机电多专业模型综合，校核系统合理性，输出工程量清单、机电管线综合图、机电专业施工深化图和相关专业配合条件图等（图 4.5-3）。

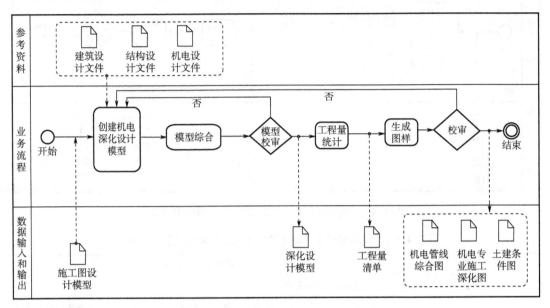

图 4.5-3　机电深化设计 BIM 典型应用示意

3）深化设计过程中，应在模型中补充或完善设计阶段未确定的设备、附件、末端等模型元素。

4）管线综合布置完成后应对系统参数进行复核，复核的参数包括水泵扬程及流量、风机风压及风量、管线截面尺寸、支架受力、冷热负荷、灯光照度等。

（2）模型元素

1）机电深化设计模型元素宜在施工图设计模型元素基础上，有具体的尺寸、标高、定位和形状，并应补充必要的专业信息和产品信息，其内容宜符合表 4.5-4 规定。

表 4.5-4　机电深化设计模型元素及信息

专业	模型元素	模型元素信息
给水排水	给水排水及消防管道、管件、管道附件、仪表、喷头、卫浴装置、消防器具等	几何信息：尺寸大小等形状信息 平面位置、标高等定位信息 非几何信息：规格型号、材料和材质信息、生产厂商、技术参数等产品信息 系统类型、连接方式、安装部位、施工方式等安装信息
暖通空调	风管、风管附件、风管管件、风道末端；暖通水管道、管件、管道附件、仪表、机械设备等	
电气	桥架、电缆桥架配件、母线、电气配管、照明设备、开关插座、配电箱柜、电气设备、弱电末端装置等	

2）机电深化设计模型应包括给水排水、暖通空调、电气等各系统的模型元素以及支吊架、减振设施、套管等用于支撑和保护的相关模型元素。同一系统的模型元素之间应保持连续。

3）机电深化设计模型可按专业、楼层、功能区域等进行组织。

（3）交付成果和软件要求

1）机电深化设计BIM交付成果宜包括机电深化设计模型、碰撞检查分析报告、工程量清单、机电深化设计图等。

2）机电深化设计图宜包括内容见表4.5-5。

表4.5-5 机电深化设计图内容

序号	名　称	内　容
1	管线综合图	图样目录、设计说明、综合管线平面图、综合管线剖面图、区域净空图、综合顶棚图
2	综合预留预埋图	图样目录、建筑结构一次留洞图、二次砌筑留洞图、电气管线预埋图
3	设备运输路线图及相关专业配合条件图	图样目录、设备运输路线图、相关专业配合条件图
4	机电专业施工图	图样目录、设计说明、各专业深化施工图
5	局部详图、大样图	包括图样目录、机房、管井、管廊、卫生间、厨房、支架、室外管井和沟槽详图、安装大样图

3）机电深化设计BIM软件除具有本规范规定的共性功能外，还宜具有下列专业功能：

①管线综合。

②参数复核计算。

③模型的碰撞检查。

④深化设计图生成。

⑤具备与厂家真实产品对应的构件库。

5. 钢结构深化设计BIM应用

（1）应用内容

1）钢结构深化设计中的节点设计、预留孔洞、预埋件设计、专业协调等工作宜应用BIM技术。

2）在钢结构深化设计BIM应用中，可基于施工图设计模型和设计文件、施工工艺文件创建钢结构深化设计模型，完成节点深化设计，输出工程量清单、平立面布置图、节点深化图等（图4.5-4）。

3）节点深化设计应完成结构施工图中所有钢结构节点的细化设计，包括节点深化图、焊缝和螺栓等连接验算以及与其他专业协调等内容。

（2）模型元素

1）钢结构深化设计模型除应包括施工图设计模型元素外，还应包括预埋件、预留孔洞等模型元素，其内容宜符合表4.5-6规定。

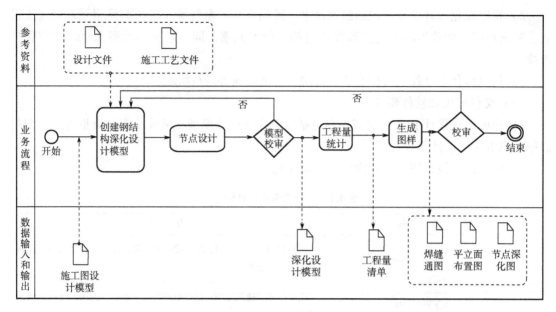

图 4.5-4　钢结构深化设计 BIM 典型应用

表 4.5-6　钢结构深化设计模型元素及信息

模型元素类型	模型元素及信息
钢构施工图设计模型包括的元素类型	钢构施工图设计模型元素及信息
节点	几何信息包括： 1）钢结构连接节点位置，连接板及加劲板的位置和尺寸 2）现场分段连接节点位置，连接板及加劲板的位置和尺寸非几何信息包括： 1）钢构件及零件的材料属性 2）钢结构表面处理方法 3）钢构件的编号信息
预埋件	几何信息：准确位置和尺寸
预留孔洞	钢梁、钢柱、钢板墙、压型金属板等构件上的预留孔洞。几何信息：准确位置及尺寸

2）钢结构深化设计模型元素宜根据构件名称按附录 B 编码。

（3）交付成果和软件要求

1）钢结构深化设计阶段的交付成果宜包括钢结构深化设计模型、专业协调碰撞报告、设计总说明、平立面布置图、节点深化图及计算书等。

2）钢结构深化设计 BIM 软件除具有本规范规定的共性功能外，还宜具有下列专业功能：

①钢结构节点设计计算。

②钢结构零部件设计。

③预留孔洞、预埋件设计。

④模型的碰撞检查。

⑤深化设计图生成。

4.5.7 施工模拟 BIM 应用

1. 一般规定

1）施工模拟前应确定 BIM 应用内容、BIM 应用成果分阶段（期）交付的计划，并应对项目中需基于 BIM 技术进行模拟的重点和难点进行分析。

2）涉及施工难度大、复杂及采用新技术、新材料的施工组织和施工工艺宜应用 BIM 技术。

2. 施工组织模拟 BIM 应用

（1）应用内容

1）施工组织中的工序安排、资源组织、平面布置、进度计划等工作宜应用 BIM 技术。

2）在施工组织模拟 BIM 应用中，可基于上游模型和施工图、施工组织设计文档等创建施工组织模型，并将工序安排、资源组织和平面布置等信息与模型关联，输出施工进度、资源配置等计划，指导模型、视频、说明文档等成果的制作（图 4.5-5）。

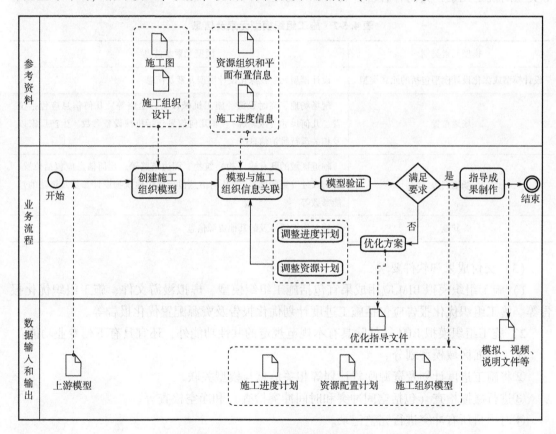

图 4.5-5　施工组织模拟应用示意

3）施工组织模拟前应制定工程初步实施计划，形成施工顺序和时间安排。

4）上游模型根据项目所处阶段可分为设计模型或深化设计模型。

5）宜根据模拟需要将施工项目的工序安排、资源组织和平面布置等信息附加或关联到模型中，并按施工组织流程进行模拟。

6）工序安排模拟通过结合项目施工工作内容、工艺选择及配套资源等，明确工序间的搭接、穿插等关系，优化项目工序组织安排。

7）资源组织模拟通过结合施工进度计划、合同信息以及各施工工艺对资源的需求等，优化资源配置计划。

8）平面组织模拟宜结合施工进度安排，优化各施工阶段的塔式起重机布置、现场车间加工布置以及施工道路布置等，满足施工需求的同时，避免塔式起重机碰撞、减少二次搬运、保证施工道路畅通等问题。

9）在进行施工模拟过程中应及时记录出现的工序安排、资源配置、平面布置等方面不合理的问题，形成施工组织模拟问题分析报告等指导文件。

10）施工组织模拟后宜根据模拟成果对工序安排、资源配置、平面布置等进行协调、优化，并将相关信息更新到模型中。

（2）模型元素

施工组织模型除应包括设计模型或深化设计模型元素外，还应包括场地布置、周边环境等类型的模型元素，其内容宜符合表 4.5-7 规定。

表 4.5-7　施工组织模型元素及信息

模型元素类别	模型元素及信息
设计模型或深化设计模型包括的元素类型	设计模型元素或深化设计模型元素及信息
场地布置	现场场地、临时设施、施工机械设备、道路等。几何信息应包括位置、几何尺寸（或轮廓）。非几何信息包括机械设备参数、生产厂家以及相关运行维护信息等
场地周边	临近区域的既有建（构）筑物、周边道路等。几何信息应包括位置、几何尺寸（或轮廓）。非几何信息包括周边建筑物设计参数及道路的性能参数等
其他	施工组织所涉及的其他资源信息

（3）交付成果和软件要求

1）施工组织模拟 BIM 应用成果宜包括施工组织模型、虚拟漫游文件、施工组织优化报告等。施工组织优化报告应包括施工进度计划优化报告及资源配置优化报告等。

2）施工组织模拟 BIM 软件除具有本规范规定的共性功能外，还宜具有下列专业功能：

①工作面区域模型划分。

②将施工进度计划及资源配置计划等相关信息与模型关联。

③进行碰撞检查（包括空间冲突和时间冲突检查）和净空检查等。

④对项目所有冲突进行完整记录。

⑤输出模拟报告以及相应的可视化资料。

3. 施工工艺模拟 BIM 应用

（1）应用内容

1）建筑施工中的土方工程、大型设备及构件安装（吊装、滑移、提升等）、垂直运输、脚手架工程、模板工程等施工工艺模拟宜应用 BIM 技术。

2）在施工工艺模拟 BIM 应用中，可基于施工组织模型和施工图创建施工工艺模型，并将施工工艺信息与模型关联，输出资源配置计划、施工进度计划等，指导模型创建、视频制作、文档编制等工作（图4.5-6）。

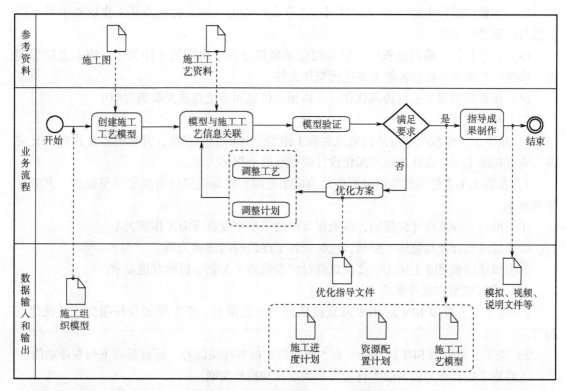

图4.5-6 施工工艺模拟BIM应用示意

3）在施工工艺模拟前应完成相关施工方案的编制，确认工艺流程及相关技术要求。

4）土方工程施工工艺模拟可通过综合分析土方开挖量、土方开挖顺序、土方开挖机械数量安排、土方运输车辆运输能力、基坑支护类型及对土方开挖要求等因素，优化土方工程施工工艺，并可进行可视化展示或施工交底。

5）模板工程施工工艺模拟可优化确定模板数量、类型、支设流程和定位、结构预埋件定位等信息，并可进行可视化展示或施工交底。

6）临时支撑施工工艺模拟可优化确定临时支撑位置、数量、类型、尺寸和受力信息，可结合支撑布置顺序、换撑顺序、拆撑顺序进行可视化展示或施工交底。

7）大型设备及构件安装工艺模拟可综合分析墙体、障碍物等因素，优化确定对大型设备及构件到货需求的时间点和吊装运输路径等，并可进行可视化展示或施工交底。

8）复杂节点施工工艺模拟可优化确定节点各构件尺寸，各构件之间的连接方式和空间要求以及节点的施工顺序，并可进行可视化展示或施工交底。

9）垂直运输施工工艺模拟可综合分析运输需求，垂直运输器械的运输能力等因素，结合施工进度优化确定垂直运输组织计划，并可进行可视化展示或施工交底。

10）脚手架施工工艺模拟可综合分析脚手架组合形式、搭设顺序、安全网架设、连墙杆搭设、场地障碍物等因素，优化脚手架方案，并可进行可视化展示或施工交底。

11）预制构件预拼装施工工艺模拟包括钢结构预制构件、机电预制构件、幕墙以及混凝土预制构件等，可综合分析连接件定位、拼装部件之间的搭接方式、拼装工作空间要求以及拼装顺序等因素，检验预制构件加工精度，并可进行可视化展示或施工交底。

12）在模拟过程中宜将涉及的时间、工作面、人力、施工机械及其工作面要求等组织信息与模型进行关联。

13）在进行施工模拟过程中，宜及时记录模拟过程中出现的工序交接、施工定位等问题，形成施工模拟分析报告等方案优化指导文件。

14）根据模拟成果进行协调优化，并将相关信息同步更新或关联到模型中。

（2）模型元素

1）施工工艺模拟模型可从已完成的施工组织设计模型中提取，并根据需要进行补充完善，也可在施工图、设计模型或深化设计模型基础上创建。

2）在施工工艺模拟前应明确所涉及的模型范围，根据模拟任务需要调整模型，并满足下列要求：

①模拟过程涉及尺寸碰撞的，应确保足够的模型细度及所需工作面大小。

②模拟过程涉及其他施工穿插，应保证各工序的时间逻辑关系。

③模型还应满足除上述①、②款以外对应专项施工工艺模拟的其他要求。

（3）交付成果和软件要求

1）施工工艺模拟 BIM 应用成果宜包括施工工艺模型、施工模拟分析报告、可视化资料等。

2）施工工艺模拟 BIM 软件除具有本规范规定的共性功能外，还宜具有下列专业功能：

①将施工进度计划以及成本计划等相关信息与模型关联。

②实现模型的可视化、漫游及实时读取其中包括的项目信息。

③进行时间和空间冲突检查。

④计算分析及设计功能。

⑤对项目所有冲突进行完整记录。

⑥输出模拟报告以及相应的可视化资料。

4.5.8 预制加工 BIM 应用

1. 一般规定

1）建筑施工中的混凝土预制构件生产、钢筋工业化加工、幕墙预制加工、装饰装修预制加工、机电产品加工和钢结构构件加工等工作宜应用 BIM 技术。

2）预制加工生产宜从深化设计模型中获取加工依据，并将预制加工成果信息附加或关联到模型中，形成预制加工模型。

3）预制加工单位宜根据本单位实际情况，建立数字化编码体系和工作流程。

4）预制加工 BIM 软件应具备加工图生成功能。

5）数控加工设备应配备专用数字化加工软件，输入数据格式应与数控加工平台及模型兼容。

6）宜将条码、电子标签等成品管理物联网标示信息附加或关联到预制加工模型。

7）预制加工产品的安装和物流运输等信息应附加或关联到模型。

2. 混凝土预制构件生产 BIM 应用

（1）应用内容

1）混凝土预制构件生产过程中的工艺设计、构件生产、成品管理等工作宜应用 BIM 技术。

2）在混凝土预制构件生产 BIM 应用，可基于深化设计模型和生产确认函、变更确认函、设计文件等完成混凝土预制构件生产模型创建，通过提取生产料单和编制排产计划形成构件生产所需资源配置计划和加工图，并在构件生产和质量验收阶段形成构件生产的进度、成本和质量追溯等信息（图 4.5-7）。

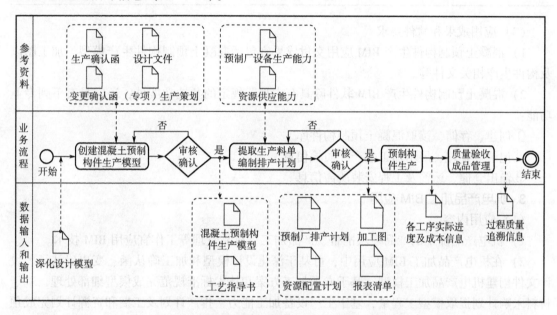

图 4.5-7 混凝土预制构件生产 BIM 典型应用示意

3）混凝土预制构件生产模型可从深化设计模型中提取，并增加模具、生产工艺等信息。

4）宜根据设计图和混凝土预制构件生产模型，对钢筋进行翻样，并生成钢筋下料文件及清单，相关信息宜附加或关联到模型中。

5）宜针对产品信息建立标准化编码体系，主要包括构件编码体系和生产过程管理编码体系。构件编码体系应与混凝土预制构件生产模型数据相一致，主要包括构件类型码、识别码、材料属性编码、几何信息编码体系。生产过程管理编码体系主要应包括合同编码、工位编码、设备机站编码、管理人员与工人编码体系等。

（2）模型元素

混凝土预制构件生产模型宜在深化设计模型基础上，附加或关联生产信息、构件属性、构件加工图、工序工艺、质检、运输控制、生产责任主体等信息，其内容宜符合表 4.5-8 规定。

表 4.5-8 混凝土预制构件模型元素及信息

模型元素类别	模型元素及信息
深化设计模型包括的元素类型	深化设计模型元素及信息

（续）

模型元素类别	模型元素及信息
混凝土预制构件生产模型	增加的非几何信息：生产信息（工程量、构件数量、工期、任务划分等）、构件属性（构件编码、材料、图样编号等）、加工图（说明性通图、布置图、构件详图、大样图等）、工序工艺（支模、钢筋、预埋件、混凝土浇筑、养护、拆模、外观处理等工序信息，数控文件、工序参数等工艺信息）、构件生产质检信息、运输控制信息（二维码、芯片等物联网应用相关信息）、生产责任主体信息（生产责任人与责任单位信息，具体生产班组人员信息等）

（3）应用成果和软件要求

1）混凝土预制构件生产 BIM 应用交付成果宜包括混凝土预制构件生产模型、加工图以及构件生产相关文件等。

2）混凝土预制构件生产 BIM 软件除具有本规范规定的共性功能外，还宜具有下列专业功能：

①创建、存储、读取混凝土预制构件库。

②记录、管理、展示加工生产和质检信息。

③输出仓储、运输及工程安装所需信息。

3. 机电产品加工 BIM 应用

（1）应用内容

1）机电产品加工的产品模块准备、产品加工、成品管理等工作宜应用 BIM 技术。

2）在机电产品加工 BIM 应用中，可基于深化设计模型和加工确认函、变更确认函、设计文件创建机电产品加工模型，基于专项加工方案和技术标准规范完成模型细部处理，基于材料采购计划提取模型工程量，基于工厂设备加工能力、排产计划及工期和资源计划完成预制加工模型的分批，基于工艺指导书等资料编制工艺文件，在构件生产和质量验收阶段形成构件生产的进度信息、成本信息和质量追溯信息（图 4.5-8）。

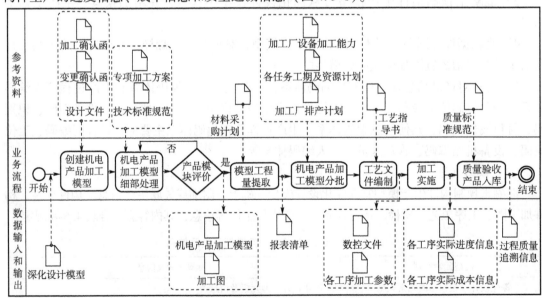

图 4.5-8　机电产品加工 BIM 典型应用示意图

3）建筑机电产品宜按照其功能差异划分为不同层次的模块，建立模块数据库。

4）机电产品模块编码应唯一性。

5）可基于模型采用拼装工艺模拟方式检验机电产品模块的加工精度。

（2）模型元素

机电产品加工模型元素宜在深化设计模型元素基础上，附加或关联生产信息、加工图、工序工艺、质检、运输控制、生产责任主体等信息，其内容宜符合表4.5-9规定。

表4.5-9　机电加工模型元素及信息

模型元素类别	模型元素及信息
深化设计模型包括的元素类型	深化设计模型元素及信息
生产信息	工程量、产品模块数量、工期、任务划分等信息
属性信息	编码、材料、图样编号等
加工图	说明性通图、布置图、产品模块详图、大样图等
工序工艺信息	毛坯和零件成形、机械加工、材料改性与处理、机械装配等工序信息，数控文件、工序参数等工艺信息
成品管理信息	二维码、芯片等物联网标示信息，生产责任人与责任单位信息，具体生产班组人员信息等

（3）交付成果和软件要求

1）机电产品加工BIM交付成果宜包括机电产品加工模型、加工图以及产品模块相关技术参数和安装要求等信息。

2）机电产品加工BIM软件除具有本规范规定的共性功能外，还宜具有下列专业功能：

①与数字化加工设备进行数据交换。

②支持基于模型的产品模块拆分、工艺设计、虚拟制造、预装配和性能评价。

③记录和管理产品模块准备、数字化生产、产品物流运输和安装的信息。

④包括设计信息和生产过程的可视化，产品加工的虚拟仿真，虚拟加工模块产品的装配仿真以及虚拟加工过程中的人机协同作业等。

4. 钢结构构件加工BIM应用

（1）应用内容

1）钢结构构件加工中技术工艺管理、材料管理、生产管理、质量管理、文档管理、成本管理、成品管理等工作宜应用BIM技术。

2）在钢结构构件加工BIM应用中，可基于深化设计模型和加工确认函、变更确认函、设计文件创建钢结构构件加工模型，基于专项加工方案和技术标准规范完成模型细部处理，基于材料采购计划提取模型工程量，基于工厂设备加工能力、排产计划及工期和资源计划完成预制加工模型的分批，基于工艺指导书等资料编制工艺文件，并在构件生产和质量验收阶段形成构件生产的进度信息、成本信息和质量追溯信息（图4.5-9）。

3）发生设计变更时，应按变更后的深化设计图或模型更新构件加工模型。

4）应根据设计图、设计变更、加工图等文件要求，从预制加工模型中提取相关信息进行排版套料，形成材料采购计划。

5）存在材料代用时，宜在钢结构构件加工模型中注明代用材料的编号及规格等信息，

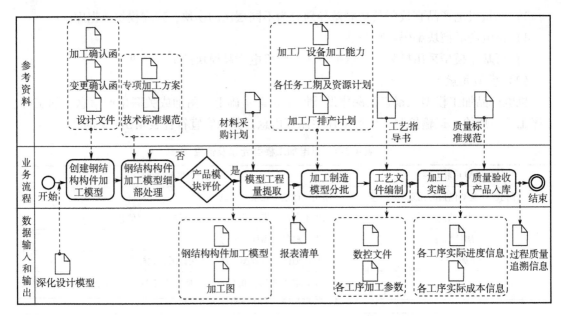

图 4.5-9 钢结构构件加工 BIM 典型应用示意图

包括原材料信息、质量检验信息、物流信息、使用信息、设计变更信息等。

6）产品加工过程相关信息宜附加或关联到钢结构构件加工模型，实现加工过程的追溯管理。

（2）模型元素

钢结构加工模型元素宜在深化设计模型元素基础上，附加或关联材料信息、生产批次信息、构件属性、零构件图、工序工艺、工期成本信息、质检信息、生产责任主体等信息，其内容宜符合表 4.5-10 规定。

表 4.5-10 钢结构加工模型元素及信息

模型元素类别	模型元素及信息
钢结构深化设计模型包括的元素类型	钢结构深化设计模型元素及信息
材料信息	材质、规格、产品合格证明、生产厂家、进场复验情况等
生产信息	生产批次、工程量、构件数量、工期、任务划分信息等
构件属性信息	编码、材质、数量、图样编号等信息
零构件图	零件图、构件图、布置图、说明性通图、排版图、大样图、工序卡等
工序工艺信息	下料、组立、焊接、外观处理等工序信息，数控文件、工序参数等工艺信息
工期成本信息	具体生产批次零构件工期、成本等
质量管理信息	生产批次零构件质检信息、生产责任人与责任单位信息，具体加工班组人员构成信息等

（3）交付成果和软件要求

1）钢结构构件加工 BIM 应用的交付成果宜包括钢结构构件加工模型、加工图以及钢结构构件相关技术参数和安装要求等信息。

2）钢结构构件加工 BIM 软件除具有本规范规定的共性功能外，还宜具有下列专业功能：

①可对预制加工模型进行分批计划管理，结合加工厂加工能力形成排产计划，并能反馈到预制加工模型中。

②可按批次从预制加工模型中获取零件信息，处理后形成排版套料文件，并形成物料追溯信息。

③可按工艺方案要求形成加工工艺文件和工位路线信息。

④可根据加工确认函、变更确认函、设计文件等管理图样文件的版次、变更记录等，并能反馈到预制加工模型中。

⑤可将加工工艺参数（数控代码等）按照标准格式传输给数控加工设备。

⑥可将构件生产和质量验收阶段形成的生产进度信息、成本信息和质量追溯信息进行收集、整理，并能反馈到预制加工模型中。

4.5.9　进度管理 BIM 应用

1. 一般规定

1）建筑施工中的进度计划编制和进度控制等工作宜应用 BIM 技术。

2）进度计划编制 BIM 应用应根据项目特点和进度控制需求，编制不同深度、不同周期的进度计划。

3）进度控制 BIM 应用过程中，应对实际进度的原始数据进行收集、整理、统计和分析，并将实际进度信息附加或关联到进度计划模型。

2. 进度计划编制 BIM 应用

（1）应用内容

1）进度计划编制中的 WBS 创建、计划编制、与进度相对应的工程量计算、资源配置、进度计划优化、进度计划审查、形象进度可视化等工作宜应用 BIM 技术。

2）在进度计划编制 BIM 应用中，可基于项目特点创建工作分解结构，并编制进度计划，可基于深化设计模型创建进度管理模型，基于定额完成工程量和资源配置、进度计划优化，通过进度计划审查形成进度管理模型（图4.5-10）。

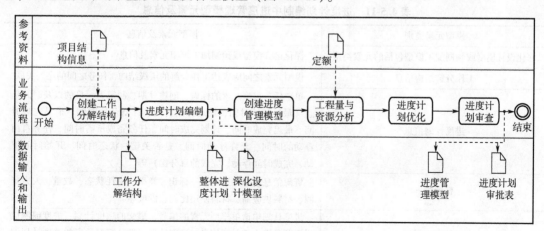

图 4.5-10　进度计划编制 BIM 典型应用示意

3）将项目按整体工程、单位工程、分部工程、分项工程、施工段、工序依次分解，最终形成完整的工作分解结构，并满足下列要求：

①工作分解结构中的施工段可表示施工作业空间或局部模型，支持与模型关联。

②工作分解结构宜达到可支持制定进度计划的详细程度，并包括任务间关联关系。

③在工作分解结构基础上创建的信息模型应与工程施工的区域划分、施工流程对应。

4）根据验收的先后顺序，明确划分项目的施工任务及节点；按照施工部署要求，确定工作分解结构中每个任务的开、竣工日期及关联关系，并确定下列信息：

①里程碑节点及其开工、竣工时间。

②结合任务间的关联关系、任务资源、任务持续时间以及里程碑节点的时间要求，编制进度计划，明确各个节点的开竣工时间以及关键线路。

5）创建进度管理模型时，应根据工作分解结构对导入的深化设计模型或预制加工模型进行切分或合并处理，并将进度计划与模型关联。

6）宜基于进度管理模型估算各任务节点的工程量，并在模型中附加或关联定额信息。

7）进度计划优化宜按照下列工作步骤和内容进行：

①根据企业定额和经验数据，并结合管理人员在同类工程中的工期与进度方面的工程管理经验，确定工作持续时间。

②根据工程量、用工数量及持续时间等信息，检查进度计划是否满足约束条件，是否达到最优。

③若改动后的进度计划与原进度计划的总工期、节点工期冲突，则需与各专业工程师共同协商。过程中需充分考虑施工逻辑关系，各施工工序所需的人、材、机以及当地自然条件等因素。重新调整优化进度计划，将优化的进度计划信息附加或关联到模型中。

④根据优化后的进度计划，完善人工计划、材料计划和机械设备计划。

⑤当施工资源投入不满足要求时，应对进度计划进行优化。

（2）模型元素

1）在进度计划编制 BIM 应用中，进度管理模型宜在深化设计模型或预制加工模型基础上，附加或关联工作分解结构、进度计划、资源信息和进度管理流程等信息，其内容宜符合表 4.5-11 规定。

表 4.5-11　进度计划编制中进度管理模型元素及信息

模型元素类别	模型元素及信息
深化设计模型或预制加工模型包括的元素类型	深化设计模型或预制加工模型元素及信息
工作分解结构信息	模型元素之间应表达工作分解的层级结构、任务之间的序列关联
进度计划信息	单个任务模型元素的标识、创建日期、制定者、目的以及时间信息（最早开始时间、最迟开始时间、计划开始时间、最早完成时间、最迟完成时间、计划完成时间、任务完成所需时间、任务自由浮动的时间、允许浮动时间、是否关键、状态时间、开始时间浮动、完成时间浮动、完成的百分比）等
资源信息	资源信息模型元素的唯一标识、类别、消耗状态、数量、人力资源、材料供应商、材料使用比例、机械等
进度管理流程信息	进度计划申请单模型元素的编号、提交的进度计划、进度编制成果以及负责人签名等信息；进度计划审批单模型元素的进度计划编号、审批号、审批结果、审批意见、审批人等信息

2）附加或关联信息到进度管理模型，宜符合下列要求：

①工作分解结构的每个节点均宜附加进度信息。

②人力、材料、设备等定额资源信息宜基于模型与进度计划关联。

③进度管理流程中需要存档的表单、文档以及施工模拟动画等成果宜附加或关联到模型。

（3）交付成果和软件要求

1）进度计划编制 BIM 应用成果宜包括进度管理模型、进度审批文件以及进度优化与模拟成果等。

2）进度计划编制 BIM 软件除具有本规范规定的共性功能外，还宜具有下列专业功能：

①接收、编制、调整、输出进度计划等。

②工程定额数据库。

③工程量计算。

④进度与资源优化。

⑤进度计划审批流程。

3. 进度控制 BIM 应用

（1）应用内容

1）进度控制工作中的实际进度和计划进度跟踪对比分析、进度预警、进度偏差分析、进度计划调整等工作宜应用 BIM 技术。

2）可基于进度管理模型和实际进度信息完成进度对比分析，也可基于偏差分析结果调整进度管理模型（图4.5-11）。

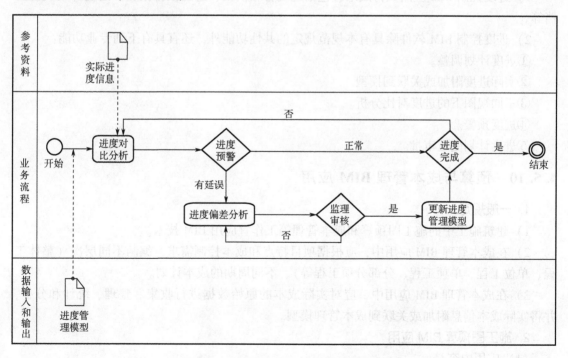

图 4.5-11　进度控制 BIM 典型应用示意

3）可基于附加或关联到模型的实际进度信息和与之关联的项目进度计划、资源及成本

信息，对项目进度进行分析，并对比项目实际进度与计划进度，输出项目的进度时差。

4）可制定预警规则，明确预警提前量和预警节点，并根据进度分析信息，对应规则生成项目进度预警信息。

5）可根据项目进度分析结果和预警信息，调整后续进度计划，并相应更新进度管理模型。

（2）模型元素

进度控制中进度管理模型宜在进度计划编制中进度管理模型基础上，增加实际进度和进度控制等信息，其内容宜符合表 4.5-12 规定。

表 4.5-12　进度控制中进度管理模型元素及信息

模型元素类别	模型元素及信息
进度计划编制中进度管理模型包括的元素类型	进度计划编制中进度管理模型元素及信息
实际进度信息	实际开始时间、实际完成时间、实际需要时间、剩余时间、状态时间完成的百分比等
进度控制信息	进度预警信息包括：编号、日期、相关任务等信息 进度计划变更信息包括：编号、提交的进度计划、进度编制成果以及负责人签名等信息 进度计划变更审批信息包括：进度计划编号、审批号、审批结果、审批意见、审批人等信息

（3）交付成果和软件要求

1）进度控制 BIM 应用交付成果宜包括进度管理模型、进度预警报告、进度计划变更文档等。

2）进度控制 BIM 软件除具有本规范规定的共性功能外，还宜具有下列专业功能：

①进度计划调整。

②实际进度附加或关联到模型。

③不同视图下的进度对比分析。

④进度预警。

⑤进度计划变更审批。

4.5.10　预算与成本管理 BIM 应用

1. 一般规定

1）建筑施工中的施工图预算和成本管理等工作宜应用 BIM 技术。

2）在成本管理 BIM 应用中，应根据项目特点和成本控制需求，编制不同层次（整体工程、单位工程、单项工程、分部分项工程等）、不同周期的成本计划。

3）在成本管理 BIM 应用中，应对实际成本的原始数据进行收集、整理、统计和分析，并将实际成本信息附加或关联到成本管理模型。

2. 施工图预算 BIM 应用

（1）应用内容

1）施工图预算中的工程量清单项目确定、工程量计算、分部分项计价、总价计算等工作宜应用 BIM 技术。

2）在施工图预算 BIM 应用中，可基于施工图设计模型创建施工图预算模型，基于清单规范和消耗量定额（包括内部定额）确定工程量清单项目，完成工程量计算、分部分项计价和总价计算，输出招标清单项目、招标控制价或投标清单项目及投标报价单（图 4.5-12）。

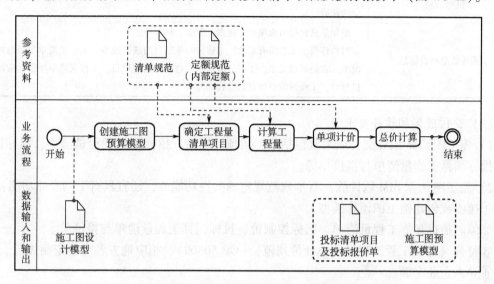

图 4.5-12　施工图预算 BIM 典型应用示意

3）创建施工图预算模型时，应根据施工图预算要求，对导入的施工图设计模型进行调整。

4）确定工程量清单项目和计算工程量时，应针对每个构件模型元素识别出其所属的工程量清单项目并计算其工程量。

5）分部分项计价时，应针对每个工程量清单项目根据定额规范或企业内部定额确定综合单价，并在此基础上计算每个构件模型元素的成本。

6）总价计算时，除应对每个构件模型元素的分部分项价格求和外，还应计算措施费用、规费及利税，在此基础上得出总价。

（2）模型元素

在施工图预算 BIM 应用中，施工图预算模型宜在施工图设计模型基础上，附加或关联预算信息，其内容宜符合表 4.5-13 规定。

表 4.5-13　施工图预算模型元素及信息

模型元素类型	模型元素及信息
施工图设计模型包括的元素类型	施工图设计模型元素及信息
土建信息	增加信息包括混凝土浇筑方式（现浇、预制）、钢筋连接方式、钢筋预应力张拉类型（无预应力、先张、后张）、预应力粘结类型（有粘结、无粘结）、预应力锚固类型、混凝土添加剂、混凝土搅拌方法等 增加脚手架模型元素，包括信息脚手架类型、脚手架获取方式（自有、租赁） 增加混凝土模板模型元素，包括信息模板类型、模板材质、模板获取方式等
钢结构信息	增加信息包括钢材型号和质量等级（必要时提出物理、力学性能和化学成分要求）；连接件的型号、规格；加劲肋做法；焊缝质量等级；防腐及防火措施；钢构件与下部混凝土构件的连接构造；加工精度；施工安装要求等

（续）

模型元素类型	模型元素及信息
机电信息	增加信息包括规格、型号、材质、安装或敷设方式等信息，大型设备还应具有相应的荷载信息
工程量清单项目信息	增加信息包括措施项目、规费、税金、利润等 对构件模型元素需有汇总：工程量清单项目的预算成本，工程量清单项目与构件模型元素的对应关系，工程量清单项目对应的定额项目，工程量清单项目对应的人机材量，工程量清单项目的综合单价

（3）交付成果和软件要求

1）施工图预算 BIM 交付成果宜包括施工图预算模型、招标预算工程量清单、招标控制价、投标预算工程量清单与报价单等。

2）施工图预算 BIM 软件除具有本规范规定的共性功能外，还宜具有下列专业功能：

①接收或创建施工图预算模型。

②编制招标预算工程量清单、招标控制价、投标预算工程量清单与报价单。

③符合《建设工程工程量清单计价规范》（GB 50500）、相应地方各专业定额规范。

④导入企业定额。

⑤生成工程量清单项目和确定综合单价。

⑥输出招标预算工程量清单、招标控制价、投标预算工程量清单与报价单。

⑦输出施工图预算模型。

3. 成本管理 BIM 应用

（1）应用内容

1）成本管理中的成本计划制定、进度信息集成、合同预算成本计算、三算对比、成本核算、成本分析等工作宜应用 BIM 技术。

2）在成本管理 BIM 应用中，可基于深化设计模型或预制加工模型以及清单规范和消耗量定额确定成本计划并创建成本管理模型，通过计算合同预算成本和集成进度信息，定期进行三算对比、纠偏、成本核算、成本分析工作（图 4.5-13）。

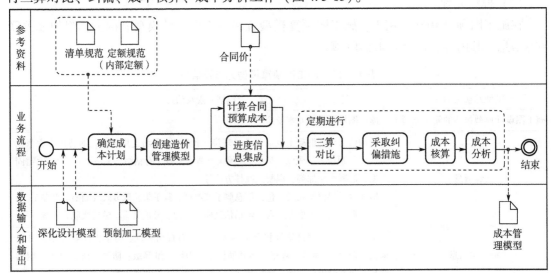

图 4.5-13　成本管理 BIM 典型应用示意

3）确定成本计划时，宜使用深化设计模型或预制加工模型按照本标准确定施工预算，并在此基础上确定成本计划。

4）创建成本管理模型时，应根据成本管理要求，对导入的深化设计模型或预制加工模型进行调整。

5）进度信息集成时，应为每个构件模型元素附加进度信息；合同预算成本可在施工图预算基础上确定，成本核算与成本分析时，宜按周或月定期进行。

6）宜按周或月定期进行三算对比，即将实际成本与预算成本和合同收入分别进行对比，并根据对比结果，采取适当的纠偏措施。

（2）模型元素

在成本管理 BIM 应用中，成本管理模型宜在施工图预算模型基础上增加成本管理信息，其内容宜符合表 4.5-14 规定。

表 4.5-14　成本管理模型元素及信息

模型元素类型	模型元素及信息
施工图预算模型包括的元素类型	施工图预算模型元素及信息
成本管理信息	增加的信息包括施工任务，施工时间，施工任务与模型元素的对应关系 具体到构件模型元素或构件模型元素组合，并需有汇总：工程量清单项目的合同预算成本、施工预算成本、实际成本

（3）交付成果和软件要求

1）成本管理 BIM 交付成果宜包括成本管理模型、成本分析报告等。

2）成本管理 BIM 软件除具有本规范规定的共性功能外，还宜具有下列专业功能：

①编制施工预算成本。

②编制并附加合同预算成本。

③附加或关联施工进度信息。

④附加或关联实际进度及实际成本信息。

⑤进行三算对比。

⑥按进度、部位、分项、分包方等多维度生成材料清单及施工预算报表。

⑦按进度、部位、分项、分包方等多维度进行成本核算和成本分析。

4.5.11　质量与安全管理 BIM 应用

1. 一般规定

1）建筑工程质量管理及安全管理等工作宜应用 BIM 技术。

2）质量与安全管理 BIM 应用应根据项目特点和质量与安全管理需求，编制不同范围、不同周期的质量与安全管理计划。

3）质量与安全管理 BIM 应用过程中，应根据施工现场的实际情况和工作计划，对危险源和质量控制点进行动态管理。

2. 质量管理 BIM 应用

（1）应用内容

1）建筑工程质量管理中的质量验收计划确定、质量验收、质量问题处理、质量问题分析等工作宜应用 BIM 技术。

2）在质量管理 BIM 应用中，可基于深化设计模型或预制加工模型创建质量管理模型，基于质量验收规程和施工资料规程确定质量验收计划，批量或特定事件时进行质量验收、质量问题处理、质量问题分析工作（图 4.5-14）。

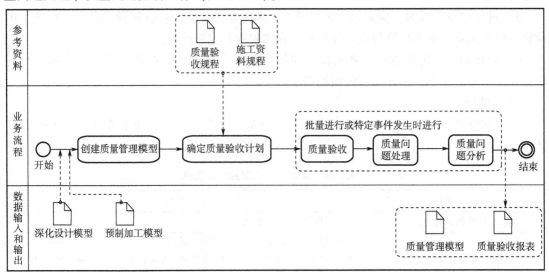

图 4.5-14　质量管理 BIM 典型应用示意

3）在创建质量管理模型环节，宜对导入的深化设计模型或预制加工模型进行适当调整，使之满足质量验收要求。

4）在确定质量验收计划时，宜利用模型针对整个工程确定质量验收计划，并将验收检查点附加或关联到对应的构件模型元素或构件模型元素组合上。

5）在质量验收时，应将质量验收信息附加或关联到对应的构件模型元素或构件模型元素组合上。

6）在质量问题处理时，应将质量问题处理信息附加或关联到对应的构件模型元素或构件模型元素组合上。

7）在质量问题分析时，应利用模型按部位、时间等角度对质量信息和质量问题进行汇总和展示，为质量管理持续改进提供参考和依据。

（2）模型元素

质量管理模型元素宜在深化设计模型元素或预制加工模型元素基础上，附加或关联中质量管理信息，其内容宜符合表 4.5-15 规定。

表 4.5-15　质量管理模型元素及信息

模型元素类型	模型元素及信息
深化设计模型或预制加工模型 包括的元素类型	深化设计模型或预制加工模型元素及信息
建筑工程分部分项 质量管理信息	建筑工程分部主要包括地基与基础、主体结构、建筑装饰装修、建筑屋面、建筑给水、排水及供暖、建筑电气、智能建筑、通风与空调、电梯等。非几何信息包括： 1）质量控制资料，包括原材料合格证及进场检验试验报告、材料设备试验报告、隐蔽工程验收记录、施工记录以及试验记录

(续)

模型元素类型	模型元素及信息
建筑工程分部分项 质量管理信息	2）安全和功能检验资料，各分项试验记录资料等 3）观感质量检查记录，各分项观感质量检查记录 4）质量验收记录，包括检验批质量验收记录、分项工程质量验收记录、分部（子分部）工程质量验收记录等

（3）交付成果和软件要求

1）质量管理 BIM 交付成果宜包括质量管理模型、质量管理信息（含质量问题处理信息）、质量验收报表等。

2）质量管理 BIM 软件除具有本规范规定的共性功能外，还宜具有下列专业功能：

①根据质量验收计划，能够生成质量验收检查点。

②支持相应地方的建筑工程施工质量验收资料规程。

③支持质量验收信息的附加，并将其与模型元素或模型元素组合关联起来。

④支持质量问题及其处置信息的附加，并将其与模型元素或模型元素组合关联起来。

⑤支持结合模型查询、浏览及显示质量验收、质量问题及其处置信息。

⑥输出质量验收表。

3. 职业健康安全管理 BIM 应用

（1）应用内容

1）职业健康安全管理中的职业健康安全技术措施制定、实施方案策划、实施过程监控及动态管理、安全隐患分析及事故处理等工作宜应用 BIM 技术。

2）在职业健康安全管理 BIM 应用中，可基于深化设计或预制加工等模型创建安全管理模型，基于职业健康管理规程确定职业健康安全技术措施计划，批量或特定事件发生时实施职业健康安全技术措施计划、处理安全问题、分析安全隐患和事故（图 4.5-15）。

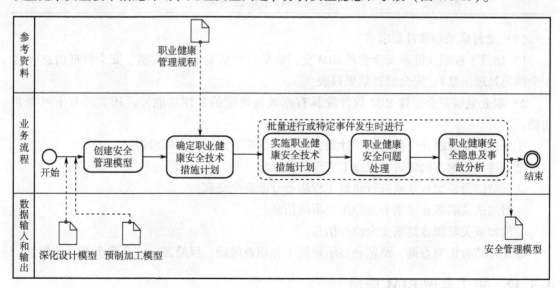

图 4.5-15　职业健康安全管理 BIM 典型应用示意

3）在创建安全管理模型时，可基于深化设计模型或预制加工模型形成，使之满足职业

健康安全管理要求。

4）在确定职业健康安全技术措施计划环节，宜使用安全管理模型辅助相关人员识别风险源。

5）在职业健康安全技术措施计划实施时，宜使用安全管理模型向有关人员进行安全技术交底，并将安全技术交底记录附加或关联到模型元素或模型元素组合之间。

6）在职业健康安全隐患和事故处理时，宜使用安全管理模型制定相应的整改措施，并将安全隐患整改信息附加或关联到模型元素或模型元素组合上；当职业健康安全事故发生时，宜将事故调查报告及处理决定附加或关联到模型元素或构件模型元素组合上。

7）在职业健康安全问题分析时，宜利用安全管理模型，按部位、时间等角度对职业健康安全信息和问题进行汇总和展示，为职业健康安全管理持续改进提供参考和依据。

（2）模型元素

安全管理模型元素宜在深化设计模型元素或预制加工模型元素基础上，附加或关联安全检查信息、风险源信息、事故信息，其内容宜符合表4.5-16规定。

表 4.5-16　安全管理模型元素及信息

模型元素类型	模型元素及信息
深化设计模型或预制加工模型包括的元素类型	深化设计模型或预制加工模型元素及信息
职业健康安全生产/防护设施模型	脚手架、垂直运输设备、临边防护设施、洞口防护、临时用电、深基坑等。几何信息包括准确的位置、几何尺寸等。非几何信息：设备型号、生产能力、功率等
安全检查信息	安全生产责任制、安全教育、专项施工方案、危险性较大的专项方案论证情况、机械设备维护保养、分部分项工程安全技术交底等
风险源信息	风险隐患信息、风险评价信息、风险对策信息等
事故信息	事故调查报告及处理决定等

（3）交付成果和软件要求

1）建筑工程职业健康安全管理BIM交付成果宜包括安全管理模型、安全管理信息（含安全问题处理信息）、安全检查结果报表。

2）职业健康安全管理BIM软件除具有本规范规定的共性功能外，还宜具有下列专业功能：

①根据职业健康安全技术措施计划，能够识别职业健康安全风险源。

②支持相应地方的建筑工程施工安全资料规定。

③支持结合模型直观地进行建筑工程职业健康安全交底。

④附加或关联职业健康安全隐患及事故信息。

⑤附加或关联职业健康安全检查信息。

⑥支持结合模型查询、浏览和显示建筑工程职业健康、风险源、安全隐患及事故信息。

4.5.12　施工监理 BIM 应用

1. 一般规定

1）施工准备阶段及施工阶段的监理控制、监理合同与信息管理等工作可应用 BIM

技术。

2）施工监理 BIM 应用应遵循工作职责对应一致的原则，按照与建设单位合约规定配合建设单位完成相关工作。

2. 监理控制 BIM 应用

（1）应用内容

1）在施工监理控制 BIM 应用中，可基于施工图设计模型、深化设计模型、施工过程模型等协助建设单位进行模型会审和设计交底，并将模型会审记录和设计交底记录附加或关联到相关模型。

2）施工监理控制中的质量控制、进度控制、造价控制、安全生产管理、工程变更控制以及竣工验收等工作宜应用 BIM 技术，并将监理控制的过程记录附加或关联到施工过程模型中相应的进度管理、成本管理、质量管理、安全管理等模型，将竣工验收监理记录附加或关联到竣工验收模型（图 4.5-16）。

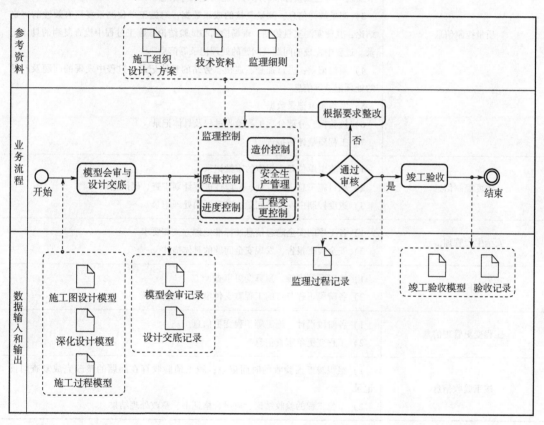

图 4.5-16　监理控制 BIM 典型应用示意

（2）模型元素

在监理控制 BIM 应用中，监理模型元素宜在深化设计模型元素或施工过程模型元素基础上，附加或关联模型会审与设计交底信息、施工质量、施工进度、施工造价、施工安全、工程变更等监理控制信息，其内容宜符合表 4.5-17 规定。

表 4.5-17　监理控制中监理模型元素及信息

模型元素类型	模型元素及信息
深化设计模型或施工过程模型包括的元素类型	深化设计模型或施工过程模型元素及信息
模型会审记录	模型会审的时间、地点、人员、评审记录、结论、设计回复意见、签名等信息
设计交底记录	设计交底的时间、地点、人员、措施、要求、回复落实记录、签名等信息
施工资料审查记录	各类施工资料审查清单、记录和结论等信息
质量控制信息	1）自检结果信息：施工方隐蔽工程、检验批、分部分项工程等的自检结果信息 2）材料质量证明信息：重点部位、关键工序所用原材料见证取样检测的记录；原材料质量合格与否的判定结论；原材料是否能够用于现场的判定结论；检验环节发现不符合质量标准的原材料退场记录等信息 3）测量放样信息；测量复核的成果数据；对施工单位测量复核有效性的判定结论；其他实测实量数据；现场检测和试验结论；施工过程中检查复测的具体记录、过程中发现的问题及问题的处理记录等信息 4）质检记录：进行抽查、巡视、旁站的具体记录，过程中发现的问题及问题的处理记录等信息 5）实测实量记录数据 6）检验批、分部分项工程验收过程及具体记录 7）工程质量评估报告
进度控制信息	1）对施工单位开工报审的审批记录 2）项目施工总进度计划、阶段性进度计划审查、确认记录 3）进度控制中发现的问题，对问题的处理记录
安全生产管理信息	1）各工序的安全隐患信息及标准处理方式和要求 2）安全检查报告，发现安全问题的具体描述
投资控制信息	1）施工预算审核，预算变更审查 2）各阶段工程节点的工程款支付申请、支付审核
工程变更管理信息	1）各阶段设计、施工等工程变更信息 2）工程变更单审查信息
竣工验收信息	1）组织竣工预验收的时间记录；竣工预验收存在问题的整改完成复查时间记录 2）单位工程的验收结论、质量合格证书、整改处理结果

（3）交付成果和软件要求

1）施工监理控制的交付成果宜包括模型会审、设计交底记录，质量、投资、进度、安全管理等过程记录，监理实测实量记录、变更记录、竣工验收监理记录等。

2）监理控制 BIM 软件除具有本规范规定的共性功能外，还宜具有下列专业功能：

①监理控制信息、记录及文档与模型关联。

②质量、造价、进度、安全、工程变更、竣工验收等监理业务功能。

③监理控制信息查询、统计、分析及报表输出。

3. 监理合同与信息管理 BIM 应用

（1）应用内容

1）施工监理过程中的合同管理、信息与资料管理工作宜应用 BIM 技术。

2）在监理合同与信息管理 BIM 应用中，可基于深化设计模型或施工过程模型，将合同管理（合同分析、合同跟踪、索赔与反索赔）记录和文件档案资料附加或关联到模型上（图 4.5-17）。

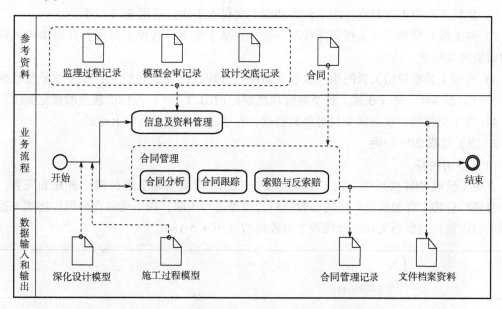

图 4.5-17　施工监理合同与信息管理 BIM 典型应用示意

（2）模型元素

在监理合同与信息管理 BIM 应用中，监理模型元素宜在深化设计模型元素或施工过程模型元素基础上，附加或关联管理信息、合同信息等信息，其内容宜符合表 4.5-18 规定。

表 4.5-18　监理合同与信息管理中监理模型元素及信息

模型元素类型	模型元素及信息
深化设计模型或施工过程模型包括的元素类型	深化设计模型或施工过程模型元素及信息
项目管理信息	项目信息与信息流的要求；项目资料格式规定；项目管理流程规定；监理文件档案资料，如监理规划、监理实施细则、监理日记、监理例会会议纪要、监理月报、监理工作总结等
合同管理信息	合同分析结论；合同履行的监督记录；索赔相关文件记录，如索赔通知书、证明材料、处理记录等

（3）交付成果和软件要求

1）施工监理合同与信息管理 BIM 应用的交付成果宜包括合同管理记录、监理文件档案资料等。

2）监理合同与信息管理 BIM 软件除具有本规范规定的共性功能外，还宜具有下列专业功能：

①信息及资料的模型关联。

②合同管理。

③信息、资料的查询、统计、分析及报表输出。

4.5.13 竣工验收与交付 BIM 应用

1. 一般规定

1）建筑工程竣工预验收、竣工验收和竣工交付等工作宜应用 BIM 技术。

2）竣工验收模型应与工程实际状况一致，宜基于施工过程模型形成，并附加或关联相关验收资料及信息。

3）与竣工验收模型关联的竣工验收资料应符合现行标准《建筑工程施工质量验收统一标准》（GB 50300）和《建筑工程资料管理规程》（JGJ/T 185）等标准规范的规定要求。

4）竣工交付模型宜根据交付对象的要求，在竣工验收模型基础上形成。

2. 竣工验收 BIM 应用

（1）应用内容

在竣工验收 BIM 应用中，施工单位应在施工过程模型基础上进行模型补充和完善，预验收合格后应将工程预验收形成的验收资料与模型进行关联，竣工验收合格后应将竣工验收形成的验收资料与模型关联，形成竣工验收模型（图4.5-18）。

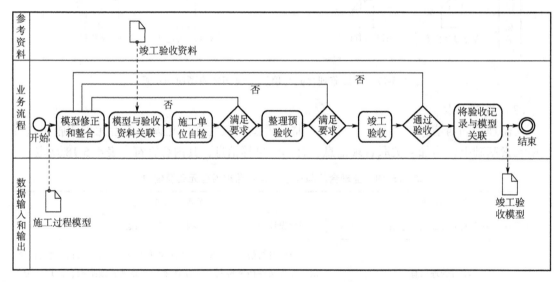

图 4.5-18　竣工验收 BIM 应用流程示意

（2）模型元素

竣工验收模型除应包括施工过程模型中相关模型元素外，还应附加或关联竣工验收相关资料，其内容宜符合表 4.5-19 规定。

表 4.5-19　竣工验收模型元素及信息

模型元素类型	模型元素及信息
施工过程模型包括的元素类型	施工过程模型元素及信息
设备信息	设备厂家、型号、操作手册、试运行记录、维修服务等信息

（续）

模型元素类型	模型元素及信息
竣工验收信息	1）施工单位工程竣工报告 2）监理单位工程竣工质量评估报告 3）勘察单位勘察文件及实施情况检查报告 4）设计单位设计文件及实施情况检查报告 5）建设工程质量竣工验收意见书或单位（子单位）工程质量竣工验收记录 6）竣工验收存在问题整改通知书 7）竣工验收存在问题整改验收意见书 8）工程的具备竣工验收条件的通知及重新组织竣工验收通知书 9）单位（子单位）工程质量控制资料核查记录 10）单位（子单位）工程安全和功能检验资料核查及主要功能抽查记录 11）单位（子单位）工程观感质量检查记录 12）住宅工程分户验收记录 13）定向销售商品房或职工集资住宅的用户签收意见表 14）工程质量保修合同 15）建设工程竣工验收报告 16）竣工图

（3）交付成果和软件要求

1）竣工验收 BIM 应用的交付成果宜包括竣工验收模型及相关文档。

2）竣工验收 BIM 软件除具有本规范规定的共性功能外，还宜具有下列专业功能：

①将模型与验收资料链接。

②从模型中查询、提取竣工验收所需的资料。

③与实测模型比照。

3. 竣工交付 BIM 应用

1）竣工交付 BIM 应用的交付成果应包括竣工交付模型和相关文档。

2）竣工交付对象为政府主管部门时，施工单位可按照与建设单位合约规定配合建设单位完成竣工交付。

3）竣工交付对象为建设单位时，施工单位可按照与建设单位合约规定交付成果。

4）当竣工交付成果用于企业内部归档时，竣工交付成果应符合企业相关要求，相关工作应由项目部完成，经企业相关管理部门审核后归档。

课 后 习 题

一、单项选择题

1. 我国在大力推进 BIM 技术应用的同时，也颁布了相关 BIM 技术规范和标准。以下标准或政策是 2016 年最新颁布的是（　　）。

A.《关于征求关于推荐 BIM 技术在建筑领域应用的指导意见（征求意见稿）意见的函》

B.《住房和城乡建设部关于印发推进建筑信息模型应用指导意见的通知》

C. 《关于开展建筑信息模型 BIM 技术推广应用工作的通知》

D. 《建筑信息模型应用统一标准》

2. 强调企业信息化、行业监管与服务信息化、专项信息技术应用的政策是 （　　）。

A. 《关于征求关于推荐 BIM 技术在建筑领域应用的指导意见（征求意见稿）意见的函》

B. 《住房和城乡建设部关于印发推进建筑信息模型应用指导意见的通知》

C. 《2016—2020 年建筑业信息化发展纲要》

D. 《建筑信息模型应用统一标准》

3. 目前，有关 BIM 的标准和指南的指导和引领者主要是 （　　）。

A. 国家政府　　　B. 行业组织　　　C. 高等院校　　　D. 企业

4. 在《建筑信息模型应用统一标准》的规定中，下列说法不正确的是 （　　）。

A. 模型应用应能实现建设工程各相关方的协同工作、信息共享

B. 模型应用只能根据工程实际情况在某一阶段或环节内应用

C. 模型应用宜采用基于工程实践的建筑信息模型应用方式，并应符合国家相关标准和管理流程的规定

D. 模型创建、使用和管理过程中，应采取措施保证信息安全

5. 在《建筑信息模型应用统一标准》的规定中，下列说法正确的是 （　　）。

A. 通过不同途径获取的同一模型数据具有多样性

B. 模型结构由资源数据、共享元素组成，可按照不同应用需求形成子模型

C. 增加模型元素种类宜采用属性扩展方式。增加模型元素数据宜采用实体扩展方式

D. 建设工程全生命期各个阶段、各项任务的建筑信息模型应用标准应明确模型数据交换内容与格式

6. 模型质量控制不包括的内容有 （　　）。

A. 浏览检查　　　B. 拓扑检查　　　C. 政策检查　　　D. 信息核实

7. 现浇混凝土结构中的二次结构设计、预留孔洞设计、节点设计（包括梁柱节点钢筋排布，型钢混凝土构件节点设计)、预埋件设计等工作属于 BIM 技术应用中的 （　　）。

A. 深化设计 BIM 应用　　　　　　B. 施工模拟 BIM 应用

C. 预制加工 BIM 应用　　　　　　D. 其他 BIM 应用

二、多项选择题

1. 目前主要发布的标准和指南涵盖的内容是 （　　）。

A. 设计建模要求　　　　　　　　B. 数据交换标准

C. 交付要求等方面　　　　　　　D. 实际操作层面

2. 施工 BIM 应用应覆盖工程项目的阶段有 （　　）。

A. 深化设计　　　B. 施工实施　　　C. 竣工验收　　　D. 交付

3. 成立 BIM 联盟的省份基本分布的地区有 （　　）。

A. 华北地区　　　B. 华南地区　　　C. 华东地区　　　D. 华中地区

4. 下列说法正确的是 （　　）。

A. 施工模型宜在设计模型基础上创建，也可在施工图等已有工程文件基础上创建

B. BIM 应用流程宜分整体流程和详细流程两个层次编制

C. 施工模型可划分为深化设计模型、施工过程模型

D. 施工模型可采用集成方式统一创建，也可采用分工协作方式按专业或任务分别创建

参 考 答 案

一、单项选择题

1. D　　2. C　　3. A　　4. B　　5. D　　6. C　　7. A

二、多项选择题

1. ABC　　2. ABCD　　3. AB　　4. ABD

第**5**章　BIM协同工作

导读：本章主要介绍了 BIM 是如何协同工作的。首先对协同的概念、平台、项目协同管理进行了系统的梳理；然后通过 BIM 协同工作流程、BIM 协同工作平台、BIM 协同的系统管理、BIM 协同设计与质量控制几个方面阐述了 BIM 技术的协同工作特点。

5.1　协同的概念

协同即协调两个或者两个以上的不同资源或者个体，协同一致地完成某一目标的过程或能力。项目管理中由于涉及参与的各个专业较多，而最终的成果是各个专业成果的综合，这个特点决定了项目管理中需要密切的配合和协作。由于参与项目的人员因专业分工或项目经验等各种因素的影响，实际工程中经常出现因配合未到位而造成的工程返工甚至工程无法实现而不得不变更设计的情况。因此在项目实施过程中对各参与方在各阶段进行信息数据协同管理意义重大。

以下从 CAD 时代和 BIM 时代两个时段对协同方式的改变进行简单介绍。

1. CAD 时代的协同方式

在平面 CAD 时代，一般的设计流程是各专业将本专业的信息条件以电子版和打印出的纸质文件的形式发送给接收专业，接收专业将各文件落实到本专业的设计图中，然后再进一步地将反馈资料提交给原提交条件的专业，最后会签阶段再检查各专业的图样是否满足设计要求。在施工阶段，由施工单位根据设计单位提供的图样信息进行项目工程施工。在竣工阶段，业主方根据图样对工程完成情况进行逐项核对。这些过程都是单向进行的，并且是阶段性的，故各专业的信息数据不能及时有效的传达。

一些信息化设施比较好的设计公司，利用公司内部的局域网系统和文件服务器，采用参考链接文件的形式，保持设计过程中建筑底图的及时更新。但这仍然是一个单向的过程，结构、机电向建筑反馈条件仍然需要提供单独的条件图。

2. BIM 时代的协同方式

基于 BIM 技术创建三维可视化高仿真模型，各个专业设计的内容都以实际的形式存在于模型中。各参与方在各阶段中的数据信息可输入模型中，各参与方可根据模型数据进行相应的工作任务，且模型可视化程度高便于各参与方之间的沟通协调，同时也利于项目实施人员之间的技术交底和任务交接等，大大减少了项目实施中由于信息和沟通不畅导致的工程变更和工期延误等问题的发生，很大程度上提高了项目实施管理效率，从而实现项目的可视化、参数化、动态化协同管理。另外，基于 BIM 技术的协同平台的利用，实现了各信息、人员的集成和协同，大大提高了项目管理的效率。

5.2 协同的平台

为了保证各专业内和专业之间信息模型的无缝衔接和及时沟通，BIM 项目需要在一个统一的平台上完成。这个平台可以是专门的平台软件，也可以利用 Windows 操作系统实现。协同平台具有以下几种功能。

1. 建筑模型信息存储功能

建筑领域中各部门各专业设计人员协同工作的基础是建筑信息模型的共享与转换，这同时也是 BIM 技术实现的核心基础。所以，基于 BIM 技术的协同平台应具备良好的存储功能。目前在建筑领域中，大部分建筑信息模型的存储形式仍为文件存储，这样的存储形式对于处理包含大量数据且改动频繁的建筑信息模型效率是十分低下的，更难以对多个项目的工程信息进行集中存储。而在当前信息技术的应用中，以数据库存储技术的发展最为成熟、应用最为广泛。并且数据库具有存储容量大、信息输入输出和查询效率高、易于共享等优点，所以协同平台采用数据库对建筑信息模型进行存储，从而可以解决上文所述的当前 BIM 技术发展所存在的问题。

2. 具有图形编辑平台

在基于 BIM 技术的协同平台上，各个专业的设计人员需要对 BIM 数据库中的建筑信息模型进行编辑、转换、共享等操作。这就需要在 BIM 数据库的基础上，构建图形编辑平台。图形编辑平台的构建可以对 BIM 数据库中的建筑信息模型进行更直观的显示，专业设计人员可以通过它对 BIM 数据库内的建筑信息模型进行相应的操作。不仅如此，存储整个城市建筑信息模型的 BIM 数据库与 GIS（Geographic Information System，地理信息系统）、交通信息等相结合，利用图形编辑平台进行显示，可以实现真正意义上的数字城市。

3. 兼容建筑专业应用软件

建筑业是一个包含多个专业的综合行业，如设计阶段，需要建筑师、结构工程师、暖通工程师、电气工程师、给水排水工程师等多个专业的设计人员进行协同工作，这就需要用到大量的建筑专业软件，如结构性能计算软件、光照计算软件等。所以，在 BIM 协同平台中，需兼容专业应用软件以便于各专业设计人员对建筑性能进行设计和计算。

4. 人员管理功能

在建筑全生命周期过程中有多个专业设计人员参与，如何能够有效地管理是至关重要的。通过此平台可以对各个专业的设计人员进行合理的权限分配、对各个专业的建筑功能软件进行有效的管理、对设计流程、信息传输的时间和内容进行合理的分配，从而实现项目人员高效的管理和协作。

下面以某施工单位在项目实施过程中的协同平台为例，对协同平台的功能和相关工作做具体介绍。

某施工总承包单位为有效协同各单位各项施工工作的开展，顺利执行 BIM 实施计划，组织协调工程其他施工相关单位，通过自主研发 BIM 平台实现了协同办公。协同办公平台工作模块包括族库管理模块、模型物料模块、采购管理模块、统计分析模块、数据维护模块、工作权限模块、工程资料模块。所有模块通过外部接口和数据接口进行信息的提取、查看、实时更新数据。在 BIM 协同平台搭建完毕后，邀请发包方、设计及设计顾问、QS 顾问、监理、专业分包、独立承包商和供应商等单位参加并召开 BIM 启动会。会议应明确工程 BIM 应用重点，协同平台方式，BIM 实施流程等多项工作内容。该项目基于 BIM 的协同平台页面如图 5.2-1 所示。

图 5.2-1　协同平台页面

5.3　项目各方的协同管理

项目在实施过程中参与方较多（如图 5.3-1所示），且各自职责不同，但各自的工作内容之间却联系紧密，故各参与方之间良好的沟通协调意义重大。项目各参与方之间的协同合作有利于各自任务内容的交接，避免不必要的工作重复或工作缺失而导致的项目整体进度延误甚至工程返工。一般基于 BIM 技术的各参与方协同应用主要包括基于协同平台的信息、职责管理和会议沟通协调等内容。

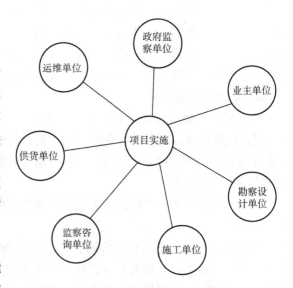

图 5.3-1　项目各参与方图

1. 基于协同平台的信息管理

协同平台具有较强的模型信息存储能力，项目各参与方通过数据接口将各自的模型信息数据输入到协同平台中进行集中管理。一旦某个部位发生变化，与之相关联的工程量、施工工艺、施工进度、工艺搭接、采购单等相关信息都会自动发生变化，且在协同平台上采用短信、微信、邮件、平台通知等方式统一告知各相关参与方，他们只需重新调取模型相关信息，便可轻松完成数据交互的工作。项目 BIM 协同平台信息交互共享如图 5.3-2 所示。

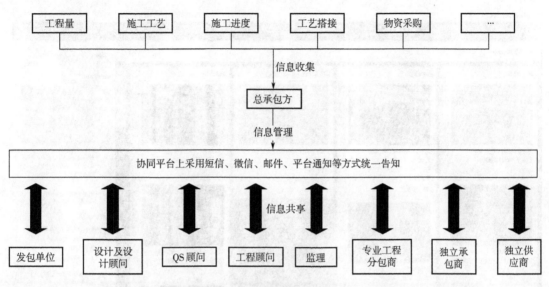

图 5.3-2　项目 BIM 协同平台信息交互共享示意图

2. 基于协同平台的职责管理

面对专业复杂、体量大，专业图样数量庞大的工程，利用 BIM 技术，将所有的工程相关信息集中到以模型为基础的协同平台上，依据图样如实进行精细化建模，并赋予工程管理所需的各类信息，确保出现变更后，模型及时更新。同时为保证工程施工过程中 BIM 的有效性，对各参与单位在不同施工阶段的职责进行划分，让每个参与者明白自己在不同阶段应该承担的职责和完成的任务，与各参与单位进行有效配合，共同完成 BIM 的实施。

某工程项目实施施工阶段中各参与方职责划分见表 5.3-1。

表 5.3-1　某工程各参与方职责划分

施工阶段	甲方	设计方	总包 BIM	分包
低区（1~36 层）结构施工阶段	监督 BIM 实施计划的进行；签订分包管理办法	与甲方、总包方配合，进行图样深化，并进行图样签认	模型维护，方案论证，技术重难点的解决	配合总包 BIM 对各自专业进行深化和模型交底
高区（36 层以上）结构施工阶段				
装饰装修机电安装施工阶段	监督 BIM 实施计划的进行；签订分包管理办法，进行模型确认	与甲方、总包方配合，进行图样深化，并进行图样签认	施工工艺模型交底，工序搭接，样板间制作	按照模型交底进行施工
系统联动调试、试运行	模型交付	竣工图样的确认	模型信息整理、模型交付	模型确认

在对项目各参与方职责划分后，根据相应职责创建"告示板"式团队协作平台，项目组织中的 BIM 成员根据权限和组织构架加入协作平台，在平台上创建代办事项、创建任务，

并可进行任务分配，也可对每项任务创建一个卡片，可以包括活动、附件、更新、沟通内容等信息。团队人员可以上传各自创建的模型，也可随时浏览其他团队成员上传的模型，发布意见，进行便捷的交流，并使用列表管理方式，有序地组织模型的修改、协调，支持项目顺利进行（如图5.3-3所示）。

图5.3-3 "告示板"式团队协作平台

3. 基于协同平台的流程管理

项目实施过程中，除了让每个项目参与者明晰各自的计划和任务外，还应让他们了解整个项目模型建立的状况、协同人员的动态、提出问题及表达建议的途径。从而使项目各参与方能够更好地安排工作进度，实现与其他参与方的高效对接，避免不必要的工期延误。

某项目管理的 BIM 协同工作流程如图5.3-4所示。

4. 会议沟通协调

基于协同平台可以使各参与方能够更好地把握各自相应的工作任务，但项目管理实施过程中仍会存在各种问题需要沟通解决，协同平台只能解决项目管理中的部分内容，故还需要各参与方定期组织会议进行直接沟通协调。协调会议由 BIM 专职负责人与项目总工每周定期召开 BIM 例会，会议将由甲方、监理、总包、分包、供应商等各相关单位参加。会议将生成相应的会议纪要，并根据需要延伸出相应的图样会审、变更洽商或是深化图样等施工资料，由专人负责落实。例会上应协调以下内容：

1）进行模型交底，介绍模型的最新建立和维护情况。

2）通过模型展示，实现对各专业图样的会审，及时发现图样问题。

3）随着工程的进度，提前确定模型深化需求，并进行深化模型的任务派发、模型交付

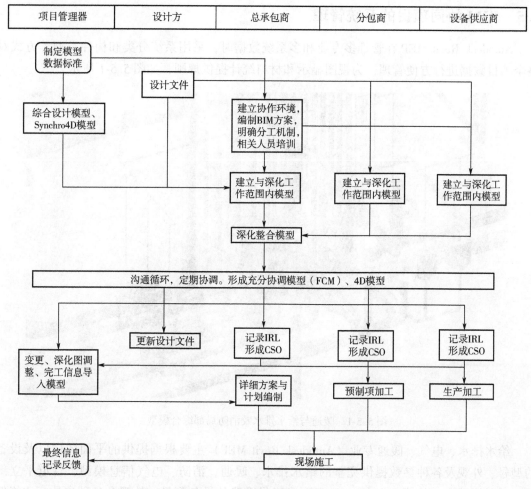

图 5.3-4　BIM 协同工作流程图

以及整合工作，对深化模型确认后出具二维图样，指导现场施工。

4）结合施工需求进行技术重难点的 BIM 辅助解决，包括相关方案的论证，施工进度的 4D 模拟等，让各参与单位在会议上通过模型对项目有一个更为直观、准确的认识，并在图样会审、深化模型交底、方案论证的过程中，快速解决工程技术重难点。

5.4　BIM 团队协同工作平台

对于大型项目，参与为模型提供信息的人员会很多，每个 BIM 人员可能分布在不同专业团队甚至不同城市或国家，BIM 团队本身的信息沟通及交流也是 BIM 在项目上应用的一个关键。除了让每个 BIM 参与者明晰各自的计划和任务外，还应让他们了解整个项目模型建立的状况、协同人员的动态、提出问题（询问）及表达建议的途径。在当今的网络环境下，建立这样的交流平台是非常容易的，项目组织中的 BIM 成员根据权限和组织构架加入协作平台，在平台上创建代办事项、创建任务，并可进行任务分配，也可对每项任务（项目）创建一个卡片，可以包括活动、附件、更新、沟通内容等信息。团队人员可以上传各自创建的模型，也可随时浏览其他团队成员上传的模型，发布意见，进行便捷的交流，并使用列表管理方式，有序地组织模型的修改、协调，支持项目顺利进行。

5.5 BIM 协同项目的系统管理

Autodesk Revit MEP 在管理多专业和多系统数据时，采用系统分类和构件类型等方式对整个项目数据进行方便管理，为视图显示和材料统计提供规则，如图 5.5-1 所示。

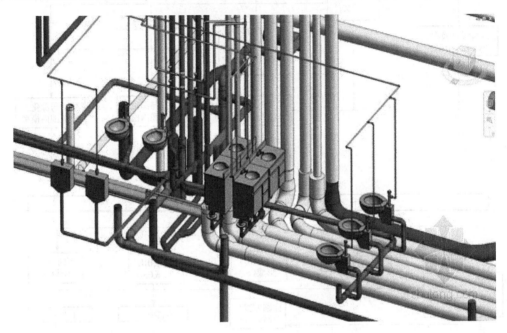

图 5.5-1 暖通与给水排水及消防局部综合模型

给水排水、电气、暖通专业（Autodesk Revit MEP）主要根据提供的平面图样以及设备的型号、外观及各种参数提供完整的给水排水、暖通、消防、电气信息模型、管道平立剖图、材料统计表（格式自定义）。这里要求提供准确的设备型号、外观及各种参数，才能保证提供的模型更准确。但在施工图设计中往往还有许多设备的型号等未确定因素，只能作为原则性假定，使用替代设备创建三维信息模型。

5.6 BIM 协同设计与质量控制

随着建筑工程复杂性的不断增加，学科的交叉与合作成为建筑设计的发展趋势，这就需要协同设计。而在二维 CAD 时代，协同设计缺少统一的技术平台。虽然目前也有部分集成化软件能在不同专业间实现部分数据的交流和传递（比如 PKPM 系列软件），但设计过程中可能出现的各专业间协调问题仍然无法解决。基于 BIM 技术的协同设计，可以采用三维集成设计模型，使建筑、结构、给水排水、暖通空调、电气等各专业在同一个模型基础上进行工作。建筑设计专业可以直接生成三维实体模型；结构设计专业则可以提取其中的信息进行结构分析与计算；设备专业可以据此进行暖通负荷分析等。不同专业的设计人员能够通过中间模型处理器对模型进行建立和修改，并加以注释，从而使设计信息得到及时更新和传递，更好地解决不同专业间的相互协作问题，从而大大提高建筑设计的质量和效率，实现真正意义上的协同设计。

现实建筑物实体都是以三维空间状态存在的，若用三维设计表达更具有优势。如复杂管综设计，一般情况下，二维 AutoCAD 设计是在建筑、结构、给水排水、暖通专业完成设计后，设计师要对不同专业的图样反复比对，也只能进行原则性管综设计，对于管综碰撞冲突很大程度凭经验判断，有些问题只能遗留到施工时解决。在水、暖、电建模阶段，利用 BIM 随时自动检测及解决管综设计初级碰撞，其效果相当于将校审部分工作提前进行，这样可大大精确地提高成图质量。

Autodesk Revit 软件可视技术还可以动态地观察三维模型，生成室内外透视图，模拟现实创建三维漫游动画，使工程师可以身临其境地体验建筑空间，自然减少各专业设计工程师之间的协调错误，简化人为的图样综合审核。

在此基础上，项目组准备了 BIM 协同设计实施计划项目规划书，包括项目评估（选择更优化的方案）；文档管理（如文件、轴网、坐标中心约定）；制图及图签管理；数据统一管理；设计进度、人员分工及权限；三维设计流程控制；项目建模，碰撞检查，分析碰撞检查报告；专业探讨反馈，优化设计等。

5.7 管线协同设计

在各专业承包单位各自为政的实际施工过程中，对其他专业或者工种、工序间的不了解，甚至是漠视，所产生冲突与碰撞比比皆是。其主要体现在：

1）MEP 和结构：比如结构梁、墙的后期打洞或开孔。

2）MEP 和建筑：比如管线穿越防火卷帘、机房布置空间的合理优化等。

3）MEP 各专业自身：比如不同 MEP 管线对同一空间的共同穿越。

但是施工过程中的解决方案，往往受现场已完成部分的局限，大多是最终以不得不牺牲某部分利益、效能而被动地变更。

BIM 因为是在精确仿真的建筑三维空间内，依照实际尺寸依次布置各类 MEP 管线，依靠其特有的直观性及精确性，于设计建模阶段就可一目了然地发现各种冲突与碰撞，并实时解决。

（1）项目中常见碰撞内容 建筑与结构专业碰撞内容主要包括标高、剪力墙、柱等位置是否不一致，梁与门是否冲突；结构与设备专业碰撞内容主要检测设备管道与梁柱是否发生冲突；设备内部各专业碰撞内容是检测各专业与管线冲突情况；检测管线末端与室内吊顶冲突是设备与室内装修主要碰撞内容；另外，解决管线空间布局问题，如机房过道狭小等问题也是常见碰撞内容之一；最后，解决各管线之间交叉问题。显而易见，面对常见碰撞内容复杂、种类较多这一情况，将 BIM 技术应用到对项目的常见碰撞内容上进行检测是大势所趋，其中基于 BIM 的 Autodesk Navisworks 能够很好地完成碰撞检查工作，节省了时间和资金，并能缩短整体设计周期。

（2）碰撞检查优先级 在对项目进行碰撞检查时，要遵循如下检测优先级顺序：首先进行土建碰撞检查；设备内部各专业碰撞检查；之后是对结构与给水排水、暖通、电气专业碰撞检查等，"硬碰撞"即时调整布局并修改设计方案解决。

（3）碰撞检查报告分析 如图 5.7-1 所示。

（4）多专业管道协同设计局部展示 如图 5.7-2 所示。

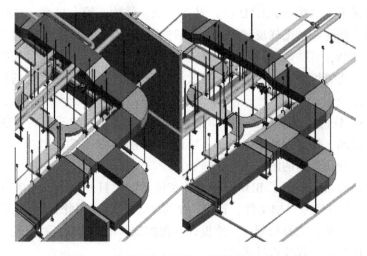

图 5.7-1　某工程综合管线碰撞分析调整前后对比

图 5.7-2　多专业管道协同设计局部展示图

课后习题

1. 在对项目进行碰撞检查时，要遵循一定的检测优先级顺序。下列哪一项应该首先进行（　　）。

　　A. 土建碰撞检查

　　B. 设备内部各专业碰撞检查

　　C. 结构与给水排水、暖通、电气专业碰撞检查

D. "硬碰撞"

2. BIM 时代的协同方式与 CAD 时代相比具有的优势有 (　　)。

A. 各参与方可根据模型数据进行相应的工作任务，且模型可视化程度高，便于各参与方之间的沟通协调，同时也利于项目实施人员之间的技术交底

B. 大大减少了项目实施中由于信息和沟通不畅导致的工程变更和工期延误等问题的发生

C. 基于 BIM 技术的协同平台的利用，实现了各信息、人员的集成和协同，大大提高了项目管理的效率

D. 基于 BIM 技术的协同方式是全能性的

3. 以下是 BIM 协同平台的功能的是 (　　)。

A. 建筑模型信息存储功能　　　　　　B. 具有图形编辑平台

C. 兼容建筑专业应用软件　　　　　　D. 人员管理功能

4. 协同平台只能解决项目管理中的部分内容，故还需要各参与方定期组织会议进行直接沟通协调。下列属于例会内容的是 (　　)。

A. 进行模型交底，介绍模型的最新建立和维护情况

B. 随着工程的进度，提前确定模型深化需求，并进行深化模型的任务派发、模型交付以及整合工作，对深化模型确认后出具二维图样，指导现场施工

C. 通过模型展示，实现对各专业图样的会审，及时发现图样问题

D. 结合施工需求进行技术重难点的 BIM 辅助解决，包括相关方案的论证，施工进度的 4D 模拟等

参 考 答 案

1. A　　2. ABC　　3. ABCD　　4. ABCD

第6章 BIM建模及参数化技术

导读：本章主要从 BIM 模型的定义及模型格式，模型的生成方式，模型与信息，建筑参数化设计的主流方法，特征造型技术，参数化实体造型设计以及参数化设计中的关键技术几个方面系统详细地介绍了 BIM 建模及参数化技术。首先简单介绍了 BIM 模型的定义和模型格式以及建模软件的选用，而后对三种模型的生成方式做了具体介绍；接下来，对 BIM 模型与信息的特性、传递互用、项目全生命期各阶段信息系统地进行了阐述；然后，对四种参数化设计的主流方法进行具体介绍；最后，介绍了参数化的实体造型设计，并提出了参数化设计中的关键技术，便于读者参考借鉴。

6.1 BIM 模型的定义及模型格式

BIM 的实施，是对建筑信息的创建、集成、共享和管理的过程，这一过程是从 BIM 模型的创建开始的。BIM 模型的创建是参数化的三维建模过程，并以数字形式将尺寸、位置等几何数据和材料、导热性能等物理属性以及和其他构件的关系等信息储存在一个集成的数据库中。

由于约定俗成把 BIM 和建筑信息模型用在了 Building Information Modeling 身上，我们就又一次约定俗成把 Building Information Model 称为 BIM 模型。

BIM 模型是 BIM 这个过程的工作成果，或者说前面 BIM 定义中那个为建设项目全生命周期设计、施工、运营服务的"数字模型"。

目前在实际工作中，一个建设项目的 BIM 模型通常不是一个，而是多个在不同程度上互相关联的用于不同目的的数字模型，虽然在逻辑上，我们可以把与这个设施有关的所有信息都放在一个模型里面。

一个项目常用的 BIM 模型有以下几个类型：

1）设计和施工图模型。

2）设计协调模型。

3）特定系统的分析模型。

4）成本和计划模型。

5）施工协调模型。

6）特定系统的加工详图和预制模型。

7）竣工模型。

BIM 的"B"包含下列三种类型的设施或建成物（Facility/Built）：

1）Building——建筑。

2) Structure——构筑物，例如厂房、水坝、电站等。

3) Linear Structure——基础设施，例如公路、铁路、管道等线状结构。

与 BIM 建模相关的软件产生的模型文件格式，主要包括以下几种：

1) CGR：Gehry Technology 公司 Digital Project 产品使用的文件格式。

2) DWG：DraWinG 格式，AutoCAD 原始文件格式，Autodesk 从 1982 年开始使用，截至到 2009 年一共使用了 18 种不同的 DWG 版本。虽然 DWG 可以存放一些元数据，但本质上仍然是一个以几何和图形数据为主的文件格式，不足于支持 BIM 应用。

3) DXF：Drawing Exchange Format，Autodesk 开发的图形交换格式，用于 AutoCAD 和其他软件之间进行信息交换，以 2D 图形信息为主，三维几何信息受限制，不足于进行 BIM 数据交换。

4) DWF：Design Web Format，Autodesk 开发的一种用于网络环境下进行设计校审的压缩轻型格式，这种数据格式是一种单向格式。

5) DGN：DesiGN 格式，Bentley 公司开发的支持其 MicroStation 系列产品的数据格式，2000 年以后 DNG 格式经更新升级后支持 BIM 数据。

6) PLN：Draw PLaN 格式是 Graphisoft 公司开发的为其产品 ArchiCAD 使用的数据格式，1987 年随 ArchiCAD 进入市场，是世界上第一种具有一定市场占有率的 BIM 数据格式。

7) RVT：Revit，Autodesk Revit 软件系列使用的 BIM 数据格式。

8) STP：Standardized Exchange of Product data，产品数据标准交换格式 STEP，一种制造业（汽车、航空、工业和消费产品领域）CAD 产品广泛使用的国际标准数据格式，主要用于几何数据交换。

9) VWX：2008 年开始 Nemetschek 公司开发的为其 Vectorworks 产品使用的 BIM 数据格式。

10) 3D PDF：Portable Document Format，Adobe 公司开发的用 3D 设计数据发布和审核单向数据格式，类似于 Autodesk 的 DWF。

6.2 模型的生成方式

根据不同 BIM 模型的用途以及项目的交付模式，BIM 模型的生成方式也往往不同。目前常见的生成方式有以下几种：

（1）依据图样建模 这种模型生成方式是目前最常见的，与传统设计和施工过程、交付形式结合较紧密的工作方式。其核心流程就是根据设计院出具的设计图样、施工单位出具的深化设计图样，用 BIM 建模软件依图建模，俗称"翻模"。

（2）三维设计建模 这种方式是建筑业发展的大势所趋，在可预见的将来，三维设计会逐步取代二维图样设计，成为设计主流方式。其核心流程是设计人员根据项目需求和规划方案，直接使用 BIM 建模软件进行三维设计建模，设计成果即为三维 BIM 模型。

（3）实体生成模型 这种方式主要针对已完成的建构筑物，在施工完成后，甚至运营期间，采用三维扫描、全景摄像等技术，采集建构筑物几何信息，并通过专业软件转换成三维模型，通过删减、修改、补充模型信息，最终形成 BIM 模型。

6.2.1 依据图样建模

1. 依据图样建模的特点

依据图样建模，即"翻模"，是现阶段生成 BIM 模型的主要技术手段。

目前，虽然许多建筑业设计单位已经逐步学习应用 BIM 技术进行三维设计，但设计单位的主流设计方式还是采用二维 CAD 辅助设计，其主要工作成果也是二维设计图样；施工单位的工作方式也停留在依据二维设计图样进行施工，并最终提交二维竣工图样进行归档。在这样的工作方式和信息资料传递保存方式短期内无法改变的前提下，BIM 技术以"翻模"的形式介入，是目前最合理、最经济、最高效、最易接受的方式。

但是，这种模型生成方式具有明显的缺点：

（1）重复工作 该方式中，在原本的设计流程中，插入了"翻模"的工作步骤，用三维的方式将设计师的设计成果重复输出一次，这个过程必须配备相应的人员专门进行该项工作，增加了工作量。

（2）沟通效率低下 在该方式中，二维设计师和 BIM 工程师是两个相对独立的团队，当 BIM 工程师在翻模或模型应用中发现设计错漏碰缺，或者有优化方案时，BIM 工程师必须与设计师进行沟通，由设计师进行二维图样修改；同样，当设计师主动对二维图样进行修改后，也需要与 BIM 工程师进行沟通，由 BIM 工程师进行 BIM 模型的修改。这种单线程沟通方式效率低下。

（3）准确性下降 "系统、流程越复杂，就越容易出错"。以"翻模"的形式介入的 BIM，增加了工作流程和沟通协调的复杂性，增加了设计成果出错的概率，使其准确性下降。

2. 依据图样建模的流程

依据图样建模的流程如图 6.2-1 所示。

（1）各专业图样整理 收集整理设计提供的各专业图样，检查其正确性，删除建模不需要的内容，减少建模过程中的干扰因素；确定统一的原点，将图样平移至同一原点。

（2）建立统一的轴网标高 根据图样，在建模软件中建立统一的建筑轴网和标高，并分配给各个建模人员，使其在同一轴网和标高下建模，方便后期合模。

（3）统一建模时应用的族 "族（family）"是 Autodesk Revit 中使用的一个功能强大的概念，有助于更轻松地管理数据和进行修改。每个族图元能够在其内定义多种类型，每种类型可以具有不同的尺寸、形状、材质设置或其他参数变量。使用 Autodesk Revit 的一个优点是不必学习复杂的编程语言，便能够创建自己的构件族。使用族编辑器，整个族创建过程在预定义的样板中执行，可以根据用户的需要在族中加入各种参数，如距离，材质，可见性等。可以使用族编辑器创建现实生活中的建筑构件和图形/注释构件。

本节介绍建模流程以 Autodesk Revit 为例，其他建模软件同样也有类似族的概念和功能，例如 Bentley 系列软件中的"单元（cell）"等。

建模开始前，应建立统一的模型设备构件族库。对于某一构件或某类设备，如果已有族库中有对应的族，应一一明确；如果族库中没有对应的族，应进行创建。族库的建立，能大大提高建模效率，减少错误。

（4）分专业、分区域建模 根据专业和工作量分配建模任务，各专业 BIM 工程师按工

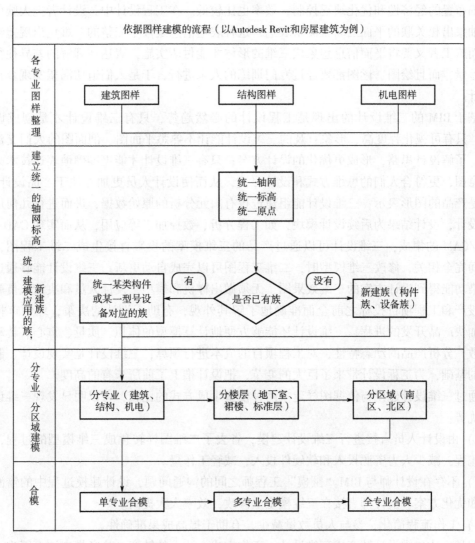

图 6.2-1　依据图样建模的流程

作任务同步开展建模。一般的分配原则是：先分专业、再分楼层、最后分区域。同时，根据 BIM 模型完成后的用途，分配原则也会有所调整，例如，模型要用于 4D 进度模型，则建模工作分配应以施工组织计划为依据划分。

（5）合模　将各个工程师所负责完成的模型进行整合，即将各个模型依据同一原点导入合并，形成整体模型。一般合模顺序是，先单专业合模，接着多专业合模，再到全专业全部合模。

6.2.2　三维设计建模

1. 三维设计建模的特点

人在设计时的原始冲动是三维的，是有颜色、形状、材料、尺寸、位置、复杂运动关系等关联概念的三维实体，而传统的设计工作是从三维到二维，再从二维到三维，依靠工程师的空间想象力和基本制图技能来完成空间设计，带有局限性和特殊性。在工程进度的约束下对详细布置的经济性和优化缺乏控制，效率也比较低。在工程设计中，设计者把大脑中三维形体抽象出相关联的平面三向视图来表达，这种表达信息是极不完整的，难免出现差错和缺漏；而施工者又要将平面信息想象成三维的形体才能付诸实施，表达和理解的差异往往也带来了差错，而且绘图、读图都要经过专门训练的人来进行，于是人们迫切渴望实现真正的三维设计。

基于 BIM 的三维设计的出现是工程设计的必然趋势，只有三维设计才是创成设计的 CAD；只有可视化程度高、形象直观的三维设计能让不熟悉平面图、剖面图的人们交流设计思想，了解设计思路，形成更优化的设计方案；只有三维设计才能更准确地表达技术人员的设计意图，更符合人们的思维方式和设计习惯，从而使设计人员更加专注于产品设计本身，而不是产品的图形表示；三维设计能组建进行有限元分析的原始数据，进而进行几何形状的优化设计，设计结果为后续设计模块，如工程分析、数控加工等应用，从而实现 CAD/CAE/CAPP/CAM 的集成；三维设计可以通过产品的三维模型的投影直接生成二维工程图，各视图之间完全相关，修改三维模型时，二维工程图可以完成自动更新；三维设计能够通过着色和渲染功能得到设计方案的三维效果图，无须做出样机和模型，设计人员和决策人员就能在产品投产和工程项目投标之前全面准确地了解其外观，有助于设计的决策，缩短审批的周期，加快产品开发的进程；三维设计还能够方便地计算模型的体积、质量、重心、转动惯量等参数，分析产品的动态特性，对工程项目的成本进行预算；三维设计是实现设计、制造一体化的基础，为工程设计带来了巨大的变革，把设计推上了前所未有的高度。

通过三维设计建模与依据图样建模两种模型生成方式的比较，可以明显发现三维设计建模的优势：

1）由设计人员直接进行三维设计建模，省去了二维图样转化成三维模型的过程，简化工作流程，减少人力资源投入和软硬件投入，减轻工作量。

2）不存在设计师与 BIM "翻模" 工程师之间的沟通问题，设计建模过程中的错漏碰缺问题和优化方案，设计师直接在三维模型上修改，效率大大提高。

3）工作流程简化，参与人员数量减少，有助于提高成果准确性。

但是，从二维设计转变成三维设计，工作方式方法上的转变，势必带来许多困难，例如需要投入软硬件成本、人员学习成本、熟练掌握技术的时间成本等，因此，目前国内设计单位采用三维设计的比例还较小，但已有设计院开始全面采用 BIM 三维设计，例如华东勘测设计研究院在进行水利工程设计中，已全面采用三维设计。

2. 参数化设计与建模

现在一提到参数化，很多人都会想到两件事：参数化软件和参数化风格。这两个都是对于参数化片面、局限的理解。先说软件，其实所有软件都是参数化编写的，即程序的执行建立在各种参数和变量的输入信息与输出信息之间的运算基础上。我们常说的 "参数化软件" 和 "非参数化软件" 的区别就在于该软件是否为终端用户提供了直接自定义参数化关联的界面和相应的建模方式，建模的过程是不是可以被记录并回访，从而实现对组合体模型的动态可逆的参数化控制。

再说参数化风格，这已经成为了 "参数化设计" 的潜台词，这种理解是狭义的参数化设计，即通过某些特定软件的关联建模，处理仅凭人力是无法快速、有效实现的，相对复杂的形体本身或者大量物件组织的设计方式。本书立足的是广义参数化设计，即把设计的限制条件，通过相关数字化设计建模软件，与设计的形式输出之间建立参数关联，生成或者形成可以灵活调控、有限变化的虚拟建筑模型。广义参数化就是指一个人造组合体中，内部个体之间以及内部与外部之间的，可以用量化的参数描述的关系，并主动地明晰这种关系，使之成为设计秩序的依据。

至于参数化，它并不是新的东西，建筑设计从来就没有离开过参数化，它体现了建筑要通过可以量化的过程实现的属性。只不过计算机处理大量信息的强大性能，让我们能够通过理解事物之间的关系，在已有的"库存"中通过建构新的联系，超越了设计主观预设创意瓶颈。它不排斥主观性，因为设计过程中参数设定的本身就是主观的。同时让自上而下的设计，挪出一部分空间给自下而上的创生，即哲学层面的动机——"自主创生"与"变化可能"。

参数化和参数化设计的定义还有很多版本，其中一版是 Neil Leach 在《建筑数字化编程》中提到的"参数化设计仅仅涉及形式生成，就大错特错了"，但又说"参数化广义上是指参数化建模软件的使用"，对此定义，显然没有理解我们使用的软件都是参数化的，只不过区别是给终端用户提供了参数化动态可逆的控制界面。另外，Neil 还平行地解释了"算法"与"算法设计"，"算法是指使用程式上的技法（Procedural Techniques）来解决设计问题"，把"算法设计"与"参数化设计"放到两个平行的位置上，从是否使用"脚本编程（Scripting）"作为两者区分的标志。这种提法非常局限，Neil Leach 提出 Maya 和 Rhino 是"参数化软件"，Grasshopper、Processing 是"算法软件"，可是 Maya 里面有 Mel 的脚本和界面，Grasshopper 也是基于 Rhino 本身的 VBScript 编程语言基础上的二次开发，软件的参数化是基础，算法只是把参数化的方式明确到逐步运算程序（a step-by-step procedure for calculations）的范畴内，参数化是基础，算法是子集。出于对设计复杂性的尊重，我们希望明确"参数化建模"的概念，而不是过分地推崇容易误导的"参数化设计"。参数化建模是根据真实物理世界中的行为和属性建模，用计算机设计物体。在建筑设计中，参数化建模需要设计师充分理解构件的特性以及各自之间的互动关系。设计师可以随意操作改变模型，但元素之间的参数关系在模型中是稳定的。一个双坡屋顶，如果规定两侧的坡度一定，当房间的进深发生改变时，如果屋檐的高度不变，那么屋脊就要变高；如果屋脊高度不变，同时建筑的外墙平面是折线而不是一条直线，那么屋檐就会形成一个高度变化的空间折线。

从对于设计的促进方面，我们更提倡"参数化建模"，而不是"参数化设计"。因为如果不充分理解参数化和设计的关系，参数化设计就容易造成误导。参数化不会、也不应该成为一种设计风格，因为不用"参数化"，也能做出和狭义参数化一样的形式结果；用了参数化，也可以实现和"狭义参数化"很不一样的形态。参数化建模高手，设计做不好的大有人在；反之，很多设计天才，根本不关心参数化过程。所以，参数化设计的提出，必须明确它的语境和目的，是狭义的还是广义的？是为了实现更容易被消费的复杂形态，还是弥散到设计的各个纬度成为设计的推力？否则，就偏离了原本的轨道，成为设计创意和多样性的阻力。

Neil Leach 在《建筑数字化编程》中提到 Digital Project 作为参数化设计软件，而实际上 Digital Project 是 Frank Gehry 在 Catia 软件平台上的二次开发，Catia 也是一个 BIM 软件，可见参数化与 BIM 之间的关系。

在前文讲述 BIM 特点的时候，已经提到了模型都是参数化关联的。BIM 的软件都可以参数化建模，但是由于它建入了大量的信息和物体，很难实现真正意义上的全局参数化模型，即使是有经验的 BIM 设计师，也无法彻底做出一个所有部分都有效参数关联可变的 BIM 模型。在现实工程中，通常是在不同的设计阶段，确定稳定不变的部分，再以此为新的输入条件去做下一个层级的关联模型，以此在不同层级内实现局部的参数化模型，比如一面墙的轮廓线定了，它上面的开窗可以根据与立面的结构布局的参数化关联变化。

在设计方案确定的前提下，BIM 建模工作最需要智慧的是设计符合实际工程中信息交流的模型体系结构。这是一个抽象的关于系统组织关系的结构，而不是物理的建造结构。BIM 体系的结构设计，必然要涉及参数的设计及其与模型部件之间的规则。什么样的参数需要建在 BIM 模型中留有接口，要根据项目的不同阶段确定。比如在设计初期，建筑面积和外形轮廓可能是一个不断调整的参数；在扩初阶段，轴线和立面模数很可能反复变动；在施工图阶段，可能要把 BIM 的参数细化到具体的部品构件上，比如钢筋混凝土的配筋和截面尺寸与跨度之间的关系，等等。所以，一个高效的 BIM 模型，不在于它包括信息的数量，而在于它如何高效地组织和管理承载的各种信息。把一个 BIM 模型做得极度庞杂并不难，只要有时间都能实现，难的是在有限的时间内，如何让这个 BIM 模型的系统清晰、参数与实际建造过程相关、模型灵活可变。只有这样，BIM 建模工作，尤其是在参数化建模这个环节，才不会沦为纯粹的体力劳动。

三维设计建模的流程，与依据图样建模的流程非常类似，省略了图样整理的步骤，因此在此不再赘述。

6.2.3 实体生成模型

BIM 技术在近年来的飞速发展，使 BIM 应用程度和广度越来越大，BIM 技术也越来越多地被建设项目各阶段的参与方所接受和采用。但是目前 BIM 应用极少有贯穿建设项目全生命期的，往往是各阶段分别应用，当某一阶段有 BIM 应用需求时，没有前期的 BIM 工作作为支持。例如，某一建筑施工过程中，业主方希望能在施工竣工后得到一个建设信息完整的竣工模型，为后期运营阶段的开发利用奠定基础，而此时工程进度早已过了设计阶段，已进入施工阶段，且部分建筑结构已经施工完成。因此，业主的 BIM 竣工模型的需求，就需要"后补"。

目前，已施工完成的建筑实体，如需要"后补"BIM 模型，常见的办法有：①依据竣工图样进行建模；②对建筑实体三维扫描生成模型。这两种办法目前均有采用，而且两者可以结合一起使用，即依据竣工图样进行建模后，再利用三维扫描生成的模型，对已有模型进行修正。第一种办法，已经在上文详述，在此不再赘述，以下着重介绍实体三维扫描生成模型。

1. 三维激光扫描的特点

20 世纪末，激光测量技术获得了较大的发展，主要体现在：一是激光测距技术从一维测距向二维、三维测距方向发展，并取得了较大的成果；二是实现了无合作目标高精确度测量；三是实现了数据的自动和无限传输。同时计算机技术、通信技术、卫星控制技术、卫星定位技术、惯性导航技术和激光扫描技术共同使得卫星遥感、机载扫描系统、车载扫描系统等向高精度、高分辨率发展。

从原理上讲，三维激光扫描仪相当于一个高速测量的全站仪系统。传统的全站仪测量需要人工干预帮助全站仪找到目标，每次只能测量一个目标点，即使是电动机型全站仪也只能跟踪测量数量有限的点。三维激光扫描仪通过自动控制技术，对被测目标按照事先设置的分辨率（相当于采样间隔）进行连续地数据采集和处理。对于某一时刻来讲，三维扫描变成一维测距，扫描仪实际上相当于一台全站仪。对一个物体表面经过扫描后得到大量的扫描点（或称为采样点）的集合称之为"点云"或"距离影像"，其实是被扫描物体的3D灰度图。

三维激光扫描技术具有如下的特点：

（1）非接触性 不需要接触目标，即可快速确定目标点的三维信息，解决了危险目标的测量、不宜接触目标的测量和人员无法达到目标的测量等问题。

（2）快速性 激光扫描的方式能够快速获得大面积目标的空间信息，对于需要快速完成的测量工作尤其重要。

（3）数据采集的高密度性 可以按照用户的设定采样间隔对物体进行扫描，这样对那些先前用传统的测绘方法无法进行的测绘就变得比较方便，比如雕塑和贵重文物及工艺品的测绘。

（4）穿透性 改变激光束的波长，激光可以穿透某些特殊的物质，比如水、玻璃和稀疏的植被等，这样可以透过玻璃、穿透水面、穿过植被进行扫描。

（5）主动性 主动发射光源，不需要外部光线，接收器通过探测自身发射出的光经反射后的光线，这样扫描不受时间和空间的限制。

（6）全数字化 三维扫描仪得到的"点云"图为包含采集点的三维坐标和颜色属性的数字文件，便于移植到其他系统处理和使用，如可以作为GIS的基础资料。

2. 三维激光扫描的分类

根据搭载扫描仪的平台不同，可以将三维激光扫描系统分为空间卫星遥感测量系统、空中机载测量系统、地面车载测量系统和测量型扫描系统。其中前三种扫描系统属于移动式扫描系统，扫描仪的姿态测量装置是系统的必备构成，而测量型扫描系统属于相对固定式扫描系统，扫描仪的姿态可以不必求出，按照摄影测量的共线理论或大地测量的方法即可恢复被扫描目标的位置。

（1）空间卫星遥感测量系统 卫星遥感测量系统属于面扫描方式，其主要代表为高分辨率遥感卫星和小卫星。卫星上可安装高分辨率摄像机、光谱仪或激光扫描仪采集目标的影像信息或距离信息，利用配置的高性能惯性导航系统INS（Inertial Navigation System）确定卫星扫描姿态中的角元素，如图6.2-2所示。

图6.2-2 卫星遥感测量

　　随着传感器分辨率的提高和定位定姿精度的不断改善，卫星遥感测量的空间分辨率已经从遥感形成之初的80m，逐步提高到5.8m，乃至1m，军用甚至可达到10cm。如图中由美国 IKONOS Ⅱ 卫星发射回来的北京地区遥感资料中已经可以清晰地判断出毛主席纪念堂的柱子和排队等候的游人。卫星遥感测量系统主要用在大的区域内地形图的测绘和更新，以及植被调查、森林防火、灾害评估、气象预报、军事侦察等方面。

　　（2）空中机载测量系统　空中机载测量系统是激光扫描技术、实时定位技术、姿态测量技术、计算机技术、通信技术等的集成。系统由激光扫描仪（LS）、飞行惯导系统（INS）、DGPS 定位系统、成像装置、计算机及数据记录处理软件和电源组成。机载激光扫描系统一般采用直升飞机或固定翼飞机做平台，利用激光扫描仪和实时动态 GPS 对地面目标进行扫描，飞机飞行高度一般在500m左右，激光束俯视地面，以20°~40°的扫描视场角左右来回扫描地面，利用反射镜接受回波，获取数据，如图6.2-3所示。

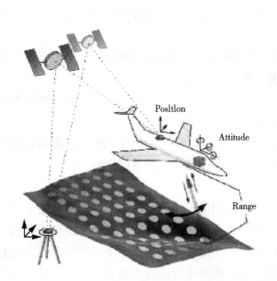

图 6.2-3　机载测量系统

　　目前，国外有许多厂家可以提供多款比较成熟的机载激光扫描系统。扫描定位的绝对精度已经可以达到10cm（如果对地做近景扫描，由于反射距离近，精度还可以大幅提高），扫描的高度最大可以达到1000m，这些使得机载激光扫描不仅用在传统的地形图测绘、更新方面，而且在城市规划、资源调查、大型工程的进展监测等方面也有了广泛的应用。

　　（3）地面车载测量系统　地面车载激光扫描测量系统也是由 GPS + INS + CCD + LS 构成的，不同之处在于其采用运动的汽车作为平台，如图6.2-4所示。该系统中的激光扫描仪系统一般由位于车顶的三个不同方向（汽车两侧和前方）激光扫描头构成。汽车在行驶的过程中，各个扫描头按照各自的扫描角度进行扫描。利用 GPS 进行 RTK 精度的实时定位，车辆姿态由 INS 测定。所有的工作由位于车内的计算机控制。

　　地面车载激光扫描测量系统一般能够扫描到路面和路面两侧各50m的范围，广泛应用于铁路公路网的带状地形图测绘和特殊现场的机动扫描。

　　（4）地面测量型激光扫描系统　地面测量型激光三维扫描系统最大的特点是分站式扫描，每个扫描站的扫描是相对静止的。

　　地面测量型激光三维扫描系统属于工程型扫描测量系统。系统的核心是激光扫描仪 + 高

图 6.2-4　车载扫描系统

分辨率相机＋角姿态测量装置。地面测量型激光三维扫描系统中的激光扫描仪内部有一套类似电子经纬仪的测角装置作为角姿态测量装置，在扫描目标的每一瞬间，测量并记录激光束中心相对于测角水平和竖直零方向的夹角，如图 6.2-5 所示。地面测量型激光三维扫描系统每次在一个固定的位置按照设置的扫描分辨率扫描视场内或选定的目标。在一个固定位置上采集的数据称为"一个扫描测站的数据"，这样其核心问题是不同测站扫描数据坐标统一问题。

地面测量型激光三维扫描主要应用于古建筑保护、文物考古、重要建筑物的施工质量评价、建筑物变形监测等方面。目前，与 BIM 技术结合最广泛的也是地面测量型系统。

图 6.2-5　地面扫描系统

3. 扫描结果的处理

基于"大地测量"测站点的拼接的实质是同时完成模型间的相对定向和绝对定向。这种拼接方式要求在每个扫描测站上仪器都需要对中、整平。由于仪器是置平的，坐标变换只需要求解 4 个参数，即两个测站扫描坐标系的 3 个平移量和 1 个水平面内的旋转。只要在每个测站扫描前后测站，通过扫描前测站求解下一个扫描站坐标实现下一个测站的定位（实现了求解 3 个坐标元素的目的），通过扫描后测站完成本测站的定向（实现了求解 1 个旋转元素的目的）。这样一直扫描下去，就会把所有扫描站的数据转换到第一个测站的扫描坐标系中。在参与拼接的所有测站中，只要知道两个测站点的大地坐标，就可以依据这两个测站点实现绝对定向。

对于基于"大地测量"测站点的拼接，类似于大地测量中的导线测量，只要在一个测站中既有后视点又有前视点，就可以实现拼接，但每次需要测量仪器高度和标靶高度。

如果不知测站的"大地测量"坐标或已知点数目少于 2 个，则无法进行绝对定向，这样得到的相对定向后的模型是水平的，坐标系只是绕大地测量坐标系的 Z 轴发生了旋转和平移。

基于"大地测量"测站点的拼接要求外业扫描按照大地测量中的导线测量程序实施即可，如图 6.2-6 所示。在图 6.2-7 中，准备在 S1、S2、S3 的位置设三个测站，对一个建筑的正立面和侧面进行扫描，则首先在测站 S1 的位置安放扫描仪，瞄准 S2 进行扫描仪定向扫描（此时 S2 点安置标靶并整平、对中，量取扫描仪高度和标靶高度），然后扫描测站 S1 的计划扫描区域。测站 S2 上先扫描测站 S1（此时 S1 点安置标靶并整平、对中，量取扫描仪高度和标靶高度，S1 点相当于后视），同时要对 S3 进行扫描（S3 点安置标靶并整平、对中，量取扫描仪高度和标靶高度，S3 点相当于前视，作为测站 S3 的定位）。仪器安放到测站 S3 时，先要回头对目标 S3 进行扫描。

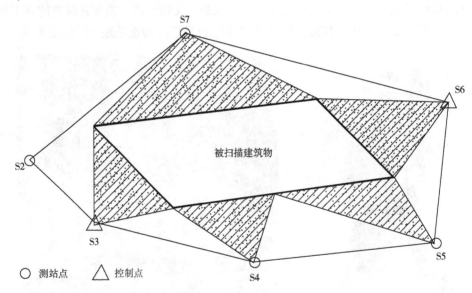

图 6.2-6　导线式扫描流程图

4. 三维扫描生成模型与 BIM 结合应用

扫描技术与 BIM 技术相结合给现场带来最大的便利即是工程信息数据的整合管理，主要包含以下四方面功能。

（1）两种扫描方式的数据采集　三维激光扫描技术无疑是实测实量数据采集的有效方式。在保证扫描精度的前提下，通过扫描的方式，可以对选定的工程部位进行完整、客观的采集。全景扫描技术的数据采集主要体现在现场工作的记录方面。虽然无法体现精度的要求，但可以反映一切与检查验收相关的信息，例如：检查验收的时间、部位、表观质量、形象进度等。

（2）三维激光扫描的数据应用 三维激光扫描生成的点云数据经过专业软件处理，即可转换为 BIM 模型数据（图 6.2-8），进而可立即与设计的 CAD 模型、BIM 模型进行精度对比，寻找施工现场与设计模型的不同点。

（3）全景扫描的数据应用 在全景扫描所生成的现场全景图中，能够通过外部信息导入（手动输入、外部设备输入、数据库转录等）方式，汇总现场工作需要的各项关键信息。

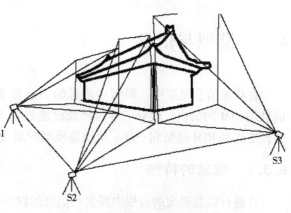

图 6.2-7 基于测站拼接的扫描作业

（4）统一的数据管理方式 经过数据采集与转换后，现场情况可以很完整地以 BIM 模型、点云模型或全景的形式在统一集成的信息平台中整合，并根据现场工程师需要开展相关管理工作，如图 6.2-9 所示。

图 6.2-8 三维扫描形成的点云模型

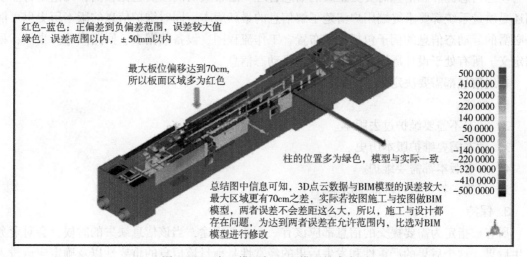

红色–蓝色：正偏差到负偏差范围，误差较大值
绿色：误差范围以内，±50mm以内

最大板位偏移达到70cm，所以板面区域多为红色

500 0000
410 0000
320 0000
220 0000
140 0000
50 0000
-50 0000
-140 0000
-220 0000
-320 0000
-410 0000
-500 0000

柱的位置多为绿色，模型与实际一致

总结图中信息可知，3D点云数据与BIM模型的误差较大，最大区域更有70cm之差，实际若按图施工与按图做BIM模型，两者误差不会差距这么大，所以，施工与设计都存在问题，为达到两者误差在允许范围内，比选对BIM模型进行修改

图 6.2-9 点云模型与 BIM 模型结合应用

6.3 模型与信息

在建筑信息模型中，模型中附带的信息是 BIM 模型的核心价值，模型是信息的载体，信息是 BIM 的价值。仅有三维构件或设施设备造型，就不能称之为 BIM，而仅仅是三维模型，这也是 BIM 模型和一般三维渲染模型的最大区别。

6.3.1 信息的特性

在进行信息提交的过程中需要对信息的以下三个主要特性进行定义：

1）状态：定义提交信息的版本。

2）类型：定义该信息提交后是否需要被修改。

3）保持：定义该信息必须保留的时间。

1. 状态

随着信息在项目中流动，其状态通常是在一定的机制控制下变化的。例如同样一个图形，开始时候的状态是"发布供审校用"，通过审校流程后，授权人士可以把该图形的状态修改为"发布供施工用"，最终项目结束以后将更新为"竣工图"。定义今后要使用的状态术语是标准化工作要做的第一步。

对于每一组信息来说，界定其提交的状态是必须要做的事情，很多重要的信息在竣工状态都是需要的。另外一个应该决定的事情是该信息是否需要超过一个状态，例如"发布供施工用"和"竣工图"等。

2. 类型

信息有静态和动态两种类型，静态信息代表项目过程中的某个时刻，而动态信息需要被不断更新以反映项目的各种变化。

当静态信息创建完成以后就不会再变化了，这样的例子包括许可证、标准图、技术明细以及检查报告等，后续也许还会有新的检查报告，但不会是原来检查报告的修改版本。

动态信息比静态信息需要更正式的信息管理，通常其访问频度也比较高，无论是行业规则还是质量系统都要求终端用户清楚了解信息的最新版本，同时维护信息的版本历史也可能是必需的。动态信息的例子包括平面布置、工作流程图、设备数据表、回路图等。当然，根据定义，所有处于设计周期之内的信息都是动态信息。

每组信息都需要决定是下列哪种情况：

1）静态。

2）动态不需要维护过去版本。

3）动态需要维护版本历史。

4）所有版本都需要维护。

5）只维护特定数目的前期版本。

3. 保持

所有被指定为需要提交的信息都应该有一个业务用途，当该信息缺失的时候，会对业务产生后果，这个后果的严重性和发生后果的经常性是衡量该信息的重要性以及确定应该投入多大努力及费用来保证该信息可用的主要指标。从另一方面考虑，如果由于该信息不可用并没有产生什么后果的话，我们就得认真考虑为什么要把这个信息包括在提交要求里面了，例如我们很难找出理由为什么要提交已经安全到达现场同时成功试车的设备的运输和包装详细信息。当然法律法规可能会要求维护并不具有实际操作价值的信息。

信息保持最少需要建立下面几个等级：

1）基本信息：设施运营需要的信息，没有这些信息，运营和安全可能发生难以承受的风险，这类信息必须在设施的整个生命周期中加以保留。

2）法律强制信息：运营阶段一般情况下不需要使用，但是当产生法律和合同责任时在一定周期内需要存档的信息，这类信息必须明确规定保持周期。

3）阶段特定信息：在设施生命周期的某个阶段建立，在后续某个阶段需要使用，但长期运营并不需要的信息，这类信息必须注明被使用的设施阶段。

4）临时信息：在后续生命周期阶段不需要使用的信息，这类信息不需要包括在信息提交要求中。

在决定每类信息的保持等级的时候，建议要同时定义信息的业务关键性等级，而不仅仅只是给其一个"基础"的等级了事。

6.3.2　信息的传递与互用

美国标准和技术研究院（NIST-National Instituite of Standards and Technology）在信息互用问题给固定资产行业带来的额外成本增加的研究中对信息互用定义如下："协同企业之间或者一个企业内设计、施工、维护和业务流程系统之间管理和沟通电子版本的产品和项目数据的能力。"

事实上，不管是企业之间还是企业内不同系统之间的信息互用，归根结底都是不同软件之间的信息互用。尽管不同软件之间的信息互用实现的语言、工具、格式、手段等可能不尽相同，但是从软件用户的角度分析，其基本方式只有双向直接、单向直接、中间翻译和间接互用四种。

1. 双向直接互用

在这种情形下，两个软件之间的信息转换由软件负责处理，需要人工干预的工作量较少，而且还可以把修改以后的数据再返回到原来的软件里面去。这种信息互用方式效率高、可靠性强，但是实现起来也受到技术条件和水平的限制。

BIM建模软件和结构分析软件之间信息互用是双向直接互用的典型案例。在建模软件中可以把结构的几何、物理、荷载信息都建立起来，然后把所有信息都转换到结构分析软件中进行分析，结构分析软件会根据计算结果对构件尺寸或材料进行调整以满足结构安全需要，最后再把经过调整修改后的数据转换回原来的模型中去，合并以后形成更新后的BIM模型。

在实际工作中只要条件允许，就应该尽可能选择这种信息互用方式。如图6.3-1所示是双向直接互用的一些例子。

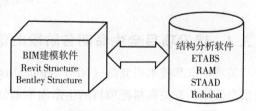

图6.3-1　双向直接互用

2. 单向直接互用

单向直接互用意味着数据可以从一个软件

输出到另外一个软件，但是不能转换回来。典型的例子是 BIM 建模软件和可视化软件之间的信息互用，可视化软件利用 BIM 模型的信息做好效果图以后，不会把数据返回到原来的 BIM 模型中去，实际上也没有这个必要这样做。

单向直接互用的数据可靠性强，但只能实现一个方向的数据转换，这也是实际工作中建议优先选择的信息互用方式。单向直接互用举例如图 6.3-2 所示。

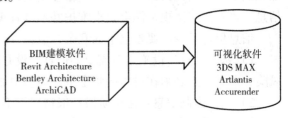

图 6.3-2　单向直接互用

3. 中间翻译互用

两个软件之间的信息互用需要依靠一个双方都能识别的中间文件来实现，这种信息互用方式称为中间翻译互用。这种信息互用方式容易引起信息丢失、改变等问题，因此在使用转换以后的信息以前，需要对信息进行校验。

DWG 是目前最常用的一种中间文件格式，典型的中间翻译互用方式是设计软件和工程算量软件之间的信息互用，算量软件利用设计软件产生的 DWG 文件中的几何和属性信息，进行算量模型的建立和工程量统计。其信息互用的方式举例说明如图 6.3-3 所示。

4. 间接互用

信息间接互用需要通过人工方式把信息从一个软件转换到另外一个软件，有些情况下需要人工重新输入数据，另外一些时候也可能需要重建几何形状。

根据碰撞检查结果对 BIM 模型的修改是一个典型的信息间接互用方式，目前大部分碰撞检查软件只能把有关碰撞的问题检查出来，而解决这些问题则需要专业人员根据

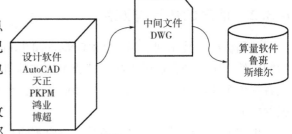

图 6.3-3　中间翻译互用

碰撞检查报告在 BIM 建模软件里面人工调整，然后输出到碰撞检查软件里面重新检查，直到问题彻底更正，如图 6.3-4 所示。

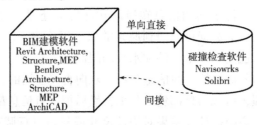

图 6.3-4　间接互用

6.3.3　建设项目全生命期各阶段的信息

美国标准和技术研究院（NIST-National Institute of Standards and Technology）关于工程项目信息使用的有关资料把项目的生命周期划分为如下六个阶段：

1）规划和计划。

2）设计。

3）施工。

4）交付和试运行。

5）运营和维护。

6）清理。

上述每个阶段都有相应的信息使用要求，现简单介绍如下：

1. 规划和计划阶段

规划和计划是由物业的最终用户发起的，这个最终用户未必一定是业主。这个阶段需要的信息是最终用户根据自身业务发展的需要对现有设施的条件、容量、效率、运营成本和地理位置等要素进行评估，以决定是否需要购买新的物业或者改造已有物业。这个分析既包括财务方面的，也包括物业实际状态方面的。

如果决定需要启动一个建设或者改造项目，下一步就是细化上述业务发展对物业的需求，这也是开始聘请专业咨询公司（建筑师、工程师等）的时间点，这个过程结束以后，设计阶段就开始了。

2. 设计阶段

设计阶段的任务是解决"做什么"的问题。

设计阶段把规划和计划阶段的需求转化为对这个设施的物理描述，这是一个复杂而关键的阶段，在这个阶段做决策的人以及产生信息的质量会对物业的最终效果产生最大程度的影响。

设计阶段创建的大量信息，虽然相对简单，但却是物业生命周期所有后续阶段的基础。相当数量不同专业的专门人士在这个阶段介入设计过程，其中包括建筑师、土木工程师、结构工程师、机电工程师、室内设计师、预算造价师等，而且这些专业人士可能分属于不同的机构，因此他们之间的实时信息共享非常关键，但真正能做到的却是凤毛麟角。

传统情形下，影响设计的主要因素包括设施计划、建筑材料、建筑产品和建筑法规，其中建筑法规包括土地使用、环境、设计规范、试验等。

近年来，施工阶段的可建性和施工顺序问题，制造业的车间加工和现场安装方法，以及精益施工体系中的"零库存"设计方法被越来越多地引入设计阶段。

设计阶段的主要成果是施工图和明细表，典型的设计阶段通常在进行施工承包商招标的时候结束，但是对于 DB/EPC/IPD 等项目实施模式来说，设计和施工是两个连续进行的阶段。

3. 施工阶段

施工阶段的任务是解决"怎么做"的问题，是让对设施的物理描述变成现实的阶段。

施工阶段的基本信息是设计阶段创建的描述将要建造的那个设施的信息，传统上通过图样和明细表进行传递。施工承包商在此基础上增加产品来源、深化设计、加工、安装过程、施工排序和施工计划等信息。

设计图样和明细表的完整和准确是施工能够按时、按造价完成的基本保证，而事实却非常不乐观。由于设计图样的错误、遗漏、协调差以及其他质量问题导致大量工程项目的施工过程超工期、超预算。

大量的研究和实践表明，富含信息的三维数字模型可以改善设计交给施工的工程图样文档的质量、完整性和协调性。而使用结构化信息形式和标准信息格式可以使得施工阶段的应

用软件，例如数控加工、施工计划软件等，直接利用设计模型。

4. 项目交付和试运行阶段

当项目基本完工最终用户开始入住或使用设施的时候，交付就开始了，这是由施工向运营转换的一个相对短暂的时间，但是通常这也是从设计和施工团队获取设施信息的最后机会。正是由于这个原因，从施工到交付和试运行的这个转换点被认为是项目生命周期最关键的节点。

（1）项目交付 在项目交付和试运行阶段，业主认可施工工作、交接必要的文档、执行培训、支付保留款、完成工程结算，主要的交付活动包括：

1）建筑和产品系统启动。

2）发放入住授权，设施开始使用。

3）业主给承包商准备竣工查核事项表。

4）运营和维护培训完成。

5）竣工计划提交。

6）保用和保修条款开始生效。

7）最终验收检查完成。

8）最后的支付完成。

9）最终成本报告和竣工时间表生成。

虽然每个项目都要进行交付，但并不是每个项目都进行试运行的。

（2）项目试运行 试运行是一个确保和记录所有的系统和部件都能按照明细和最终用户要求以及业主运营需要执行其相应功能的系统化过程。随着建筑系统越来越复杂，承包商越来越专业化，传统的开启和验收方式已经被证明是不合适的了。根据美国建筑科学研究院（NIBS-National Institute of Building Sciences）的研究，一个经过试运行的建筑其运营成本要比没有经过试运行的减少 8% ~ 20% 。比较而言，试运行的一次性投资是建造成本的 0. 5% ~1. 5% 。

在传统的项目交付过程中，信息要求集中于项目竣工文档、实际项目成本、实际工期和计划工期的比较、备用部件、维护产品、设备和系统培训操作手册等，这些信息主要由施工团队以纸质文档形式进行递交。

使用项目试运行方法，信息需求来源于项目早期的各个阶段。最早的计划阶段定义了业主和设施用户的功能、环境和经济要求；设计阶段通过产品研究和选择、计算和分析、草稿和绘图、明细表以及其他描述形式将需求转化为物理现实，这个阶段产生了大量信息被传递到施工阶段。连续试运行概念要求从项目概要设计阶段就考虑试运行需要的信息要求，同时在项目发展的每个阶段随时收集这些信息。

5. 项目运营和维护阶段

虽然设计、施工和试运行等活动是在数年之内完成的，但是项目的生命周期可能会延伸到几十年甚至几百年，因此运营和维护是最长的阶段，当然也是花费成本最大的阶段。毋庸置疑，运营和维护阶段是能够从结构化信息递交中获益最多的项目阶段。

计算机维护管理系统（CMMS-Computerized Maintenance Management System）和企业资产管理系统（Enterprise Asset Management System）是两类分别从物理和财务角度进行设施运营和维护信息管理的软件产品。目前情况下自动从交付和试运行阶段为上述两类系统获取信息的能力还相当差，信息的获取还得主要依靠高成本、易出错的人工干预。

运营和维护阶段的信息需求包括设施的法律、财务和物理等各个方面，信息的使用者包括业主、运营商（包括设施经理和物业经理）、住户、供应商和其他服务提供商等。

1）物理信息几乎完全可以来源于交付和试运行阶段：设备和系统的操作参数，质量保证书，检查和维护计划，维护和清洁用的产品、工具、备件。

2）法律信息包括出租、区划和建筑编号、安全和环境法规等。

3）财务信息包括出租和运营收入，折旧计划，运维成本。

此外，运维阶段也产生自己的信息，这些信息可以用来改善设施性能，以及支持设施扩建或清理的决策。运维阶段产生的信息包括运行水平、满住程度、服务请求、维护计划、检验报告、工作清单、设备故障时间、运营成本、维护成本等。

最后，还有一些在运营和维护阶段对设施造成影响的项目，例如住户增建、扩建改建、系统或设备更新等，每一个这样的项目都有自己的生命周期、信息需求和信息源，实施这些项目最大的挑战就是根据项目变化来更新整个设施的信息库。

6. 清理阶段

设施的清理有资产转让和拆除两种方式。

设施如果出售的话，关键的信息需要包括财务和物理性能数据：设施容量、出租率、土地价值、建筑系统和设备的剩余寿命、环境整治需求等。

如果是拆除的话，需要的信息就包括需要拆除的材料数量和种类、环境整治需求、设备和材料的废品价值、拆除结构所需要的能量等，这里的有些信息需求可以追溯到设计阶段的计算和分析工作。

6.4 建筑参数化设计的主流方法

早期建筑设计过程中，几何信息与非几何信息环节相互独立，设计人员画出建筑物的几何形体，之后根据计算结果添加材料属性等信息，因而造成生产的效率较低。随着计算机技术的发展，应用的更加广泛和深入，设计人员希望在建筑的概念设计阶段能够对产品的结构性能有深入了解，这就需要把产品几何模型中具有共性的东西提取出来作为参数，同时找出形状约束方程求解方法，以便能以较少的操作来完成新的设计方案。

而参数化设计技术则是实现这一理想的技术基础。到了 20 世纪 80 年代末期，随着几何造型技术，尤其是自由曲面造型和实体造型技术的日渐成熟，人们越来越强烈地要求在模型的可修改性方面有一个质的飞跃，而此时出现的参数化设计的思想正迎合了人们的这一需要。

在这一时期，提出了许多重要方法，并在机械制造业进行了大量的应用与实践，获得了良好的经济与社会效益。并最终被引入建筑业，成为 BIM 技术的重要特征之一。

目前，在参数化设计领域有两类主导方法。第一类方法要求模型设计师编写一段程序来记录创建模型所使用的数据和经历的过程。通过执行程序实现模型的生成；通过修改程序实现模型的更新；因此这种方法被称之为编程参数化。第二类方法要求软件系统向设计师提供一种工具，以方便他们在模型建立之后对其进行修改，这种方法被称之为交互参数化。第一类方法的主要缺点在于它不能以一种友好交互的方式来实现对模型特征的修改，给设计师造成很多不便。但如果设计师掌握了一些程序设计的技术的话，它又不失为一种行之有效的参数化建模方法。随着计算机应用领域、使用人群的不断扩张，智能性和交互性越来越为软件设计师们所重视，同样的现象也发生在参数化设计领域的研究过程之中。正是基于这样的原因，第一类方法逐渐被人们所遗弃，大部分的研究人员把精力都投入到了第二类方法的研究之中。

现今比较成熟的参数化方法主要有以下几种。

6.4.1 编程参数化方法

编程参数化方法是实现参数化设计的一种最简单的方法，它的基本思想是先使用特定的程序设计语言，如 AutoLisp，编写一段程序，记录建模的过程中设计师要求造型系统执行的操作序列及各个操作的输入数据。然后在造型系统下执行该程序，由造型系统根据程序的定义完成模型的创建任务。如果编辑程序，改变程序中特定操作的输入数据（即参数），便可建立类型相同但尺寸各异的模型，这就在一定程度上实现了模型设计的参数化。由于缺乏适当的控制机制来定义参数间的约束关系，避免非法模型的产生，编程参数化方法有一个明显的缺点：参数的数目和范围受到很大的限制，而且模型一旦建立完成，它便不能够被修改。改变模型的唯一方法就是再次运行程序，建立新的模型。

6.4.2 基于历史的参数化设计方法

除编程参数化外，基于历史的参数化设计方法也是目前流行的方法之一。现今许多的商业化造型软件都用一定的方法来追踪建模过程的操作序列。建模过程的任何操作连同与它关联的数据（即操作参数）都将按其发生的顺序被一一记录在操作栈中。

设计师可以改变栈中某一操作的参数，并要求造型系统对模型重新计算。造型系统就根据更新后的操作栈中的内容，履行模型创建的任务建立新的模型，以达到模型修改的目的。该方法在思路上和编程参数化方法极为相似，这也就不可避免地导致了它存在缺乏适当参数控制机制的问题。但该方法把建模操作历史的管理任务交给了造型系统，使设计师从这方面的劳动中解放出来，在一定程度上提高了系统自动化的水平。

6.4.3 基于变分几何的参数化设计方法

基于变分几何的参数化设计方法将数学方法引入模型的参数化描述中，使之进入了一个全新的阶段。其基本思想是将模型划分为若干个特征点，由设计师对每个特征点添加必要的约束完整的定义模型。之后，再由造型系统将约束集合转化为方程组的形式加以表达，最后用牛顿迭代法或其他数值方法求解方程组，这样就可得到唯一确定的模型描述。基于变分几何的参数化设计方法克服了前两种方法缺乏适当参数控制机制的缺陷，但同时它也带来了一些新的困难。该方法要求设计师准确地添加约束恰当的定义模型，这无疑将给设计师的工作造成很多不便。而且方法中所涉及的数值计算需要耗费大量的时间，这将对它的应用领域造成很大限制。对于上述问题，人们又提出了许多解决的办法，其中最著名的一种就是下面将提到的基于约束谓词的参数化设计方法。

6.4.4 基于约束谓词的参数化设计方法

基于约束谓词的参数化设计方法源于人工智能和专家系统的引入。它采用人工智能中知识的表示方法（谓词）来描述模型的约束信息。认为模型可以由一系列事实来定义，这些事实描述了组成模型的几何元素及这些元素间的关系（即约束）。设计师在一个通常称为草图的概略模型上输入这些用于定义模型的事实，由造型系统根据这些事实中提供的约束信息形成一个规则集，然后将这个规则集输出给推理机，经由推理最终形成一个符合设计师意图的目标模型。

6.4.5 基于特征的参数化设计方法

除了上述方法，基于特征的参数化设计则是新一代智能化、集成化CAD系统的核心技术之一，它改变了传统CAD系统细节观的设计模式，提出了特征造型和尺寸驱动的设计概念，极大地方便了模型的设计和修改，显著提高了产品设计的效率和质量。目前参数化设计在几何造型领域的应用已逐渐走向成熟，大多数的BIM软件都引入了参数化设计的概念，所提供的模块基本覆盖了整个机械产品的设计过程。参数化几何造型的技术特点包括：

1）使用新一代行为建模技术，实现全智能化设计，捕捉设计参数和目标。

2）目标驱动设计，用户可以定义要解决的问题，给出动作特征、可重复利用的分析特征，可实现多参数的可行性研究和多标准、多参数优化研究。

3）全关联的、单一的数据结构，具有在系统中做动态修改的能力，使设计、制造的各阶段并行工作，数据修改可自动关联。

4）以功能为基础，用户可使用外壳、填充体等智能化的功能特征进行复杂形体零件的三维造型和参数化设计，并可同时获得二维参数化图形，特别适用系列产品的变量化设计。

5）具有强大的装配功能，只需输入简单的命令就能按用户的用途完成产品的装配。

6）在基于特征的参数化建模技术上，充分运用关联、特征和参数化功能，具有相当的行为建模功能，它将参数化设计和功能设计联系在一起。

6.5 特征造型技术

几何造型技术是三维产品造型与设计的核心。它的研究国际上始于20世纪60年代末，当时主要研究用线框图形和多边形构成三维形体。进入70年代后，随着不同领域CAD技术的发展，几何造型又分为曲面造型和实体造型。曲面造型主要研究曲线和曲面的表示、曲面的求交及显示等问题，广泛用于汽车、船舶、飞机的CAD设计。除了上述几个专业领域，在工程制造业中，尤其是机械制造业领域中最常见的还是实体结构，并最终引入建筑行业并在BIM软件中得到了广泛的应用。

BIM的几何造型技术已经发展得非常成熟，使用专业的CAD软件能够创建任意复杂工程实体结构，产品设计已经不再需要人工绘图。目前大多数实体建模系统都支持的建模方法可以分为四种。

第一种建模方法是通过检索实现在系统中存储的基本体素（是指立方体、圆柱体、球体、环体等二次曲面体以及平移、回转平面轮廓线而产生的二维半形体)，赋以适当的尺寸数值来创建简单的实体，这种方法称为体素建模方法。

BIM 软件还提供其他一些辅助功能可以对简单的实体进行进一步操作生成更复杂的实体结构，一是对若干简单实体进行操作，进行添加、求交或切除等操作，称为布尔运算；二是在已存在的实体上进行其他操作从而创建新的实体，比如机械制造当中的倒角、抽壳等操作。这种由实体开始，通过添加和修改操作并由此确定实体内底层元素信息的建模方法也称为自上而下的建模方法。一个常见的机械零件可以拆分成若干个简单实体，反过来，这些简单实体通过布尔运算再加上其他实体操作也可以生成一个复杂实体。

这种建模方法使用的数据结构比较简单，所表示的形体的形状比较容易修改，但是这种建模方法受系统的基本体素类型限制，在建模之前必须对实体进行合理的拆分。因此这种建模方法已经不是 BIM 建模系统的主流建模方法。

第二种建模方法是通过移动表面来生成实体，如扫描和蒙皮都属于这种方法。扫描操作通过拉伸或旋转一个已定义好的封闭平面区域而建立一个实体。蒙皮方法可通过创建包围一个空间的蒙皮表面而生成一个实体。给定扫描轨迹和若干个实体的截面形状就可以创建一个具有流线形外表的实体结构。这种方法结合自由曲面技术主要针对具有流线形外表的实体建模比较有优势，适用面不广。

第三种建模方法是直接操作从实体的底层元素开始，自下而上创建实体，称为边界建模方法或自下而上的建模方法。这种建模方法直接操作实体顶点，由顶点生成边，再由边生成面，通过拉伸、旋转、放样等操作生成实体模型。

这是目前大多数 BIM 建模软件中提供的主要建模方法，从底层几何元素点开始，逐步创建实体。这种建模方法比较简单，但是操作步骤繁琐，模型不易修改。

第四种建模方法是实体几何特征建模方法。几何特征建模方法的核心思想是：基于几何特征的造型是利用构件设计中常用到的且能被常规加工方法所加工的一系列基本几何体及复合几何体的几何来表示所设计的零件。它包含两方面的含义：一方面，它是低层几何元素的有机组合，表达了特定的工程含义；另一方面，它可以作为尺寸、精度、材料、加工信息等非几何信息的载体。这样的模型既有几何信息又有非几何信息，也就是说特征兼含语义和形状两部分。这是目前大多数 BIM 软件中最常用的，也是工程设计人员非常熟悉的建模方法。传统的建模方法通过特征概念集成到这种建模方法中。在建模过程中，设计人员从一开始就采用特征进行设计，特征的概念也贯穿于整个建模操作过程，如设计者可以使用诸如"在特定位置添加一个指定形状和一定尺寸的孔"和"在特定位置生成一个特定尺寸和形状的倒角"等命令来创建模型。这样，设计人员不必关注组成特征的几何细节，只需要考虑特征所具有的工程语义。设计者可以使用熟悉的形状特征建立实体并添加新的特征，这种建模方法更符合设计人员的操作习惯。此外，这些特征中包含了实体零件装配和制造特征信息，这为实现零件从设计到制造过程的一体化和自动化提供了必要条件。

特征造型是 BIM 技术重要特征之一，它是在 CAD 技术的发展和应用达到一定水平的产物，要求进一步提高生产组织的集成化和自动化程度的历史进程中孕育成长起来的。与以往的几何造型技术相比，它有以下特点：

1) 特征技术不仅注重完善产品的几何描述能力，而且可以更好表达产品的完整的技术和生产管理信息，为建立产品的集成信息模型服务。

2）它使得产品设计工作在更高的层次上进行，设计人员的操作对象不再是原始的线条和体素，而是产品的功能要素，像螺纹孔、定位孔、键槽等。

3）它有助于加强产品设计、分析、工艺准备、加工、检验各部门之间的联系，更好地将产品的设计意图贯彻到各个后续环节并且及时得到后者的意见反馈，为实现基于产品信息模型的 CAD/CAE/CAM/CAPP 集成平台创造前提。

4）它有助于推动行业内的产品设计和工艺方法的规范化、标准化和系列化，使得在产品设计中及早考虑制造要求，保证产品结构有更好的工艺性。

5）它可以推动各行业实践经验的归纳、总结，从中提炼出更多规律性知识，以此丰富各领域专家系统的规则库和知识库，促进智能设计 BIM 系统和智能施工 BIM 系统的逐步实现。

6.6 参数化实体造型设计

传统的造型方法都只是几何图形元素的简单堆叠，仅描述了产品的可视形状，而不包含产品的设计思想。这样一来，哪怕是改变模型的一个尺寸，也需要放弃原来的图形，重新构建一个新的图形，这种简单的重复工作严重影响了设计效率。能否建立起图形几何尺寸与尺寸数据的关联，通过更改数据实现几何模型的变化呢？答案是肯定的，这就是参数化设计，新一代的三维造型系统大都支持先进的参数化设计。

参数化设计是 20 世纪 80 年代发展起来的先进造型技术，它用约束来表达产品模型的形状特征，定义一组参数以控制设计结果，从而能够通过调整参数来修改设计模型，并能方便地创建一系列在形状上或功能上相似的设计方案。产品模型的修改通过尺寸约束实现。通过它可以大大提高设计效率，并有助于减轻设计人员的工作强度。

实体造型技术的成功基于两个非常重要的理解。

6.6.1 变量化实体造型技术

变量化设计是 20 世纪 90 年代提出的实体造型技术，它认为参数化设计中全尺寸约束干扰和制约着设计者创造力及想象力的发挥，当零件形状过于复杂时，改变这些尺寸以达到所需要的形状就很不直观；再者，如在设计中关键形体的拓扑关系发生改变，失去了某些约束的几何特征也会造成系统数据混乱。因此，全约束是对设计者的一种硬性规定。这两种技术都属于基于约束的实体造型系统，都强调基于特征的设计、全数据相关，并可实现尺寸驱动设计修改，也都提供方法与手段来解决设计时所必须考虑的几何约束和工程关系等问题。不同之处在于，变量化设计允许欠约束的情况下完成几何建模任务。对于设计师来说，在进行产品设计之前可能对其最终形状并不明确，在设计过程中借助一步步已知条件确定最优的方案。对于设计人员来说，相比参数化实体造型技术，变量化技术提供了更大的设计自由度。对于形状优化设计来说，变量化技术则不易驾驭，随着设计变量的改变，结构的拓扑关系是被允许并可能随时发生变化，不利于有限元模型与几何模型的集成。

6.6.2 参数化实体造型设计

参数化设计一般是指设计对象的结构形状比较定形，可以用一组参数来约定尺寸关系，参数的求解较简单，参数与设计对象的控制尺寸有显式对应关系，设计结果的修改可由尺寸驱动。制造业中常用的系列化标准件就属于这一类型。目前大部分的 BIM 建模软件都支持参数化设计。

从产品设计到制造的整个过程，尤其在产品设计的初步阶段，产品的几何形状和尺寸不可避免地要反复修改、协调和优化。即使利用 BIM 软件进行非参数化建模，那么哪怕要修改图形的一个尺寸和结构，也需要修改原模型，甚至重新建模。如果利用参数化设计技术，就可以使用参数驱动零件和部件的特征尺寸，在进行产品系列修改时，只需要修改若干数据即可，若要进行重新设计，也可以尽量少地修改几何模型数据。

参数化设计可以大大提高产品设计的效率，同时可以有效保证产品模型的安全可靠性。尤其对给定构型的零部件，用一组尺寸约束该几何图形的一组尺寸标注，参数与设计对象的控制尺寸对应显示。当赋予不同的参数序列时，就可驱动原有几何模型达到新的目标几何图形，从而完成高效地建模和快速地模型修改。

6.7 参数化设计中的关键技术

6.7.1 几何约束

在参数化建模系统中，设计者通过使用各个元素的几何约束和尺寸约束来建立图形。其中，几何约束描述的是图形中各几何元素之间的相对位置关系，例如：水平（H）、竖直（V）、两条边相互垂直（P）或平行（A）或等长（L）或共线（C）等。

6.7.2 尺寸约束

单纯的几何约束往往不能提供对草图的满约束，还需要定义尺寸约束。尺寸约束不仅包括标在图形上的尺寸，还包括尺寸的参数化定义和尺寸之间的关系。尺寸标注也可以数学方程式的形式给出，参数化建模可以通过求解尺寸及尺寸之间关系的数学约束方程式来描述图形的几何形状。例如通过代数表达式描述了尺寸参数之间的相互关系，以满足某种特定设计意图，如装配要求等。

6.7.3 全局设计变量

设计者可以在 BIM 软件中定义全局设计变量，初始化后用于尺寸标注，系统通过对设计变量的修改可以控制图形的改变。

6.7.4 尺寸驱动

有了几何约束和尺寸约束就可以实现对实体的满约束设计。在此基础上通过编辑全局设计变量就可以在保证设计意图的前提下驱动实体几何形状的改变。全局设计变量及建筑物的各类变量可以通过多种方式来编辑。包括：①在程序内部编辑；②通过外部数据文件编辑；③通过外部电子表格编辑；④通过二次开发结构提供的专门的函数编辑等。

课后习题

一、单项选择题

1. 建筑工程信息模型的信息应包含几何信息和（　　　）。

    A. 非几何信息　　　　B. 属性信息　　　　C. 空间信息　　　　D. 时间信息

2. 下列选项对各阶段模型构件属性描述不正确的是（　　　）。

    A. 建设项目全生命期各个阶段所需要的信息内容和深度都不同

    B. 几何属性所表达的是构件的几何形状特性以及空间位置特性

    C. 非几何属性所表达的是构件除几何属性以外的信息和属性，例如材质、颜色、性能指标、施工记录等

    D. 不同阶段的几何和非几何信息的精细化程度不会改变

3. 数据从一个软件输出到另外一个软件，但是不能转换回来，如 BIM 建模软件和可视化软件之间的信息互用，可视化软件利用 BIM 模型的信息做好效果图以后，不会把数据返回到原来的 BIM 模型中，上述描述指的是（　　　）。

    A. 信息双向直接互用　　　　　　　　B. 信息单向直接互用

    C. 信息中间翻译互用　　　　　　　　D. 信息间接互用

4. 下列选项对信息保持等级描述不正确的是（　　　）。

    A. 基本信息即设施运营需要的信息，这类信息必须在设施的整个生命周期中加以保留

    B. 法律强制信息即运营阶段一般情况下不需要使用，但是当产生法律和合同责任时在一定周期内需要存档的信息，这类信息不需要明确规定保持周期

    C. 阶段特定信息即在设施生命周期的某个阶段建立，在后续某个阶段需要使用，但长期运营并不需要的信息，这类信息必须注明被使用的设施阶段

    D. 临时信息即在后续生命周期阶段不需要使用的信息，这类信息不需要包括在信息提交要求中

5. 在进行信息提交的过程中需要对信息的三个主要特性进行定义，其中不包括（　　　）。

    A. 状态　　　　　　B. 作用　　　　　　C. 类型　　　　　　D. 保持

6. （　　　）是 AutoCAD 原始文件格式，本质上仍然是一个以几何和图形数据为主的文件格式。

    A. DWG　　　　　B. DWF　　　　　C. DGN　　　　　D. RVT

7. 以下不是参数化设计中的关键技术的是（　　　）。

    A. 几何约束　　　B. 尺寸约束　　　C. 全局设计变量　　　D. 边界条件

二、多项选择题

1. 下列选项属于参数化设计方法的是（　　　）。

    A. 编程参数化方法　　　　　　　　B. 基于历史的参数化方法

    C. 基于变分集合的参数化方法　　　　D. 基于约束谓词的参数化方法

2. 参数化几何造型的技术特点包括（　　　）。

    A. 使用新一代行为建模技术，实现全智能化设计，捕捉设计参数和目标

    B. 目标驱动设计，用户可以定义要解决的问题，给出动作特征、可重复利用的分析特征，可实现多参数的可行性研究和多标准、多参数优化研究

    C. 全关联的、单一的数据结构，具有在系统中做动态修改的能力，使设计、制造的各阶段并行工作，数据修改可自动关联

    D. 以功能为基础，用户可使用外壳、填充体等智能化的功能特征进行复杂形体零件的三维造型和参数化设计，并可同时获得二维参数化图形，特别适用系列产品的变量化设计

3. 信息类型主要包括（　　　）。

    A. 静态   B. 动态不需要维护过去版本

    C. 动态需要维护版本历史   D. 所有版本都需要维护

4. 根据不同 BIM 模型的用途，以及项目的交付模式，BIM 模型的生成方式也往往不同。目前常见的生成方式有（　　　）。

    A. 依据图样建模   B. 三维设计建模

    C. 实体生成模型   D. 参数化建模

5. 不同软件之间的信息互用的基本方式有（　　　）。

    A. 双向直接   B. 单向直接   C. 中间翻译   D. 间接互用

参 考 答 案

一、单项选择题

1. A   2. D   3. B   4. B   5. B   6. A   7. D

二、多项选择题

1. ABCD   2. ABCD   3. ABCD   4. ABC   5. ABCD

第7章 工程项目BIM技术具体过程应用

导读：本章主要对BIM技术在工程项目中的具体应用做了理论介绍。主要包括BIM模型的应用计划，BIM建模标准及规则，BIM建模要求，对BIM模型审查、设计查错及优化的要求，BIM模型应用方案，建模计划表制定，BIM模型建立，项目BIM模型应用点及实施效果。通过具体图片介绍了各种BIM模型，便于读者加深理解。

7.1 BIM模型的应用计划

1）根据施工进度和深化设计及时更新和集成BIM模型，进行碰撞检查，提供具体碰撞的检测报告，并提供相应的解决方案，及时协调解决碰撞问题。

2）基于BIM模型，探讨短期及中期的施工方案。

3）基于BIM模型，准备机电综合管道图（CSD）及综合结构留洞图（CBWD）等施工深化图样，及时发现管线与管线之间，管线与建筑、结构之间的碰撞点。

4）基于BIM模型，及时提供能快速浏览的Navisworks，DWF等格式的模型和图片，以便各方查看和审阅。

5）在相应部位施工前的1个月内，施工进度表进行4D施工模拟，提供图片和动画视频等文件，协调施工各方优化时间安排。

6）应用网上文件管理协同平台，确保项目信息及时有效地传递。

7）将视频监视系统与网上文件管理平台整合，实现施工现场的实时监控和管理。

7.2 BIM建模标准及规则

7.2.1 工作集拆分原则

根据硬件配置，可能需要对模型进行进一步的拆分，以确保运行性能（一个基本原则是，对于大于50MB的文件都应进行检查，考虑是否可能进行进一步拆分。理论上，文件的大小不应超过200MB）。

7.2.2 工作集划分的大致标准

1）按照专业划分。

2）按照楼层划分。

3）按照项目的建造阶段划分。

4）按照材料类型划分。

5）按照构件类别与系统划分。

注：上述标准仅是一些建议，根据具体项目考虑项目的具体状况和人员状况而进行划分，由于每个项目需求不同，在一个项目中的有效进行工作集划分的标准在另一个项目中不见得一定有用。尽量避免把工作集想象成传统的图层或者图层标准，划分标准并非一成不变。

7.2.3 各专业项目中心文件命名标准

1）建筑文件名称：项目名称-栋号-建筑

2）结构文件名称：项目名称-栋号-结构

3）管综文件名称：项目名称-栋号-电气

项目名称-栋号-给水排水

项目名称-栋号-暖通

7.2.4 项目划分

1）建筑、结构专业：按楼层划分工作集，例如，B01、B05 等。

2）机电专业：按照系统和功能等划分工作集，例如，送风、空调热水回水等。

7.2.5 项目视图命名

1. 建筑、结构专业

平面视图：楼层-标高，例如：B01（-3.500）等。

平面详图：标高-内容，例如：B01-卫生间详图等。

剖面视图：内容，例如：A—A 剖面，集水坑剖面等。

墙身详图：内容，例如：XX 墙身详图等。

2. 管综专业

根据专业系统，建立不同的子规程，例如：通风、空调、给水排水、消防、电气等。每个系统的平面图、详图、剖面视图，放置在其子规程中，且命名按照如下规则：

平面视图：楼层-专业系统/系统，例如：B01-给水排水，B01-照明等。

平面详图：楼层-内容-系统，例如：B01-卫生间-通风排烟等。

剖面视图：内容，例如：A—A 剖面、集水坑剖面等。

7.2.6 详细构件文件命名

1. 建筑专业

建筑柱（层名+外形+尺寸，例如：B01-矩形柱-300×300）。

建筑墙及幕墙（层名+内容+尺寸，例如：B01-外墙-250）。

建筑楼板或顶棚（层名+内容+尺寸，例如：B01-复合顶棚-150）。

建筑屋顶（内容，例如：复合屋顶）。

建筑楼梯（编号+专业+内容，例如：3#建筑楼梯）。

门窗族（层名+内容+型号，例如：B01-防火门-GF2027A）。

2. 结构专业

结构基础（层名 + 内容 + 尺寸，例如：B05-基础筏板-800）。

结构梁（层名 + 型号 + 尺寸，例如：B01-CL68（2）-500×700）。

结构柱（层名 + 型号 + 尺寸，例如：B01-B-KZ-1-300×300）。

结构墙（层名 + 尺寸，例如：B01-结构墙200）。

结构楼板（层名 + 尺寸，例如：B01-结构板200）。

3. 机电专业

管道（层名 + 系统简称，例如：B01-J3）。

穿楼层的立管（系统简称，例如：J3L）。

埋地管道（层名 + 系统简称 + 埋地，例如：B01-J3-埋地）。

风管（层名 + 系统名称，例如：B01-送风）。

穿楼层的立管（系统名称，例如：送风）。

线管（层名 + 系统名称，例如：B01-弱电线槽）。

电气桥架（层名 + 系统名称，例如：B03-弱电桥架）。

设备（层名 + 系统名称 + 编号，例如：B01-紫外线消毒器-SZX-4）。

7.2.7 工作集划分、系统命名及颜色显示

（1）通风系统　通风系统的工作集划分、系统命名及颜色显示详见表7.2-1。

表 7.2-1　通风系统的工作集划分、系统命名及颜色显示

序号	系统名称	工作集名称	颜色编号（红/绿/蓝）
1	送风	送风	深粉色 RGB247/150/070
2	排烟	排烟	绿色 RGB146/208/080
3	新风	新风	深紫色 RGB096/073/123
4	供暖	供暖	灰色 RGB127/127/127
5	回风	回风	深棕色 RGB099/037/035
6	排风	排风	深橘红色 RGB255/063/000
7	除尘管	除尘管	黑色 RGB013/013/013

电气系统的工作集划分、系统命名及颜色显示详见表7.2-2。

表 7.2-2　电气系统的工作集划分、系统命名及颜色显示

序号	系统名称	工作集名称	颜色编号（红/绿/蓝）
1	弱电	弱电	粉红色 RGB255/127/159
2	强电	强电	蓝色 RGB000/112/192
3	电消防——控制		洋红色 RGB255/000/255
4	电消防——消防	电消防	青色 RGB000/255/255
5	电消防——广播		棕色 RGB117/146/060
6	照明	照明	黄色 RGB255/255/000
7	避雷系统（基础接地）	避雷系统（基础接地）	浅蓝色 RGB168/190/234

（2）给水排水系统　给水排水系统的工作集划分、系统命名及颜色显示详见表7.2-3。

表7.2-3　给水排水系统的工作集划分、系统命名及颜色显示

序号	系统名称	工作集名称	颜　色
1	市政给水管	市政加压给水管	绿色 RGB000/255/000
2	加压给水管		
3	市政中水给水管	市政中水给水管	黄色 RGB255/255/000
4	消火栓系统给水管	消火栓系统给水管	青色 RGB000/255/255
5	自动喷洒系统给水管	自动喷洒系统给水管	洋红色 RGB255/000/255
6	消防转输给水管	消防转输给水管	橙色 RGB255/128/000
7	污水排水管	污水排水管	棕色 RGB128/064/064
8	污水通气管	污水通气管	蓝色 RGB000/000/064
9	雨水排水管	雨水排水管	紫色 RGB128/000/255
10	有压雨水排水管	有压雨水排水管	深绿色 RGB000/064/000
11	有压污水排水管	有压污水排水管	金棕色 RGB255/162/068
12	生活供水管	生活供水管	浅绿色 RGB128/255/128
13	中水供水管	中水供水管	藏蓝色 RGB000/064/128
14	软化水管	软化水管	玫红色 RGB255/000/128

（3）空调水系统　空调水系统的工作集划分、系统命名及颜色显示详见表7.2-4。

表7.2-4　空调水系统的工作集划分、系统命名及颜色显示

序号	系统名称	工作集名称	颜　色
1	空调冷热水回水管	空调水回水管	浅紫色 RGB185/125/255
2	空调冷水回水管		
3	空调冷却水供水管		
4	空调冷热水供水管	空调水供水管	蓝绿色 RGB000/128/128
5	空调热水供水管		
6	空调冷水供水管		
7	空调冷却水回水管		
8	制冷剂管道	制冷剂管道	粉紫色 RGB128/025/064
9	热媒回水管	热媒回水管	浅粉色 RGB255/128/255
10	热媒供水管	热媒供水管	深绿色 RGB000/128/000
11	膨胀管	膨胀管	橄榄绿 RGB128/128/000
12	供暖回水管	供暖回水管	浅黄色 RGB255/255/128
13	供暖供水管	供暖供水管	粉红色 RGB255/128/128
14	空调自流冷凝水管	空调自流冷凝水管	深棕色 RGB128/000/000
15	冷冻水管	冷冻水管	蓝色 RGB000/000/255

7.2.8 BIM LOD 标准

（1）建筑专业 建筑专业 BIM 模型 LOD 标准详见表 7.2-5。

表 7.2-5 建筑专业 BIM 模型 LOD 标准

详细等级（LOD）	100	200	300	400	500
场地	不表示	简单的场地布置。部分构件用体量表示	按图样精确建模。景观、人物、植物、道路贴近真实	概算信息	赋予各构件的参数信息
墙	包含墙体物理属性（长度，厚度，高度及表面颜色）	增加材质信息，含粗略面层划分	包含详细面层信息，材质附节点图	概算信息，墙材质供应商信息，材质价格	产品运营信息（厂商，价格，维护等）
散水	不表示	表示			
幕墙	嵌板＋分隔	带简单竖梃	具体的竖梃截面，有连接构件	幕墙与结构连接方式，厂商信息	幕墙与结构连接方式，厂商信息
建筑柱	物理属性：尺寸，高度	带装饰面，材质	带参数信息	概算信息，柱材质供应商信息，材质价格	物业管理详细信息
门、窗	同类型的基本族	按实际需求插入门、窗	门窗大样图，门窗详图	门窗及门窗五金件的厂商信息	门窗五金件，门窗的厂商信息，物业管理信息
屋顶	悬挑、厚度、坡度	加材质、檐口、封檐带、排水沟	节点详图	概算信息，屋顶材质供应商信息，材质价格	全部参数信息
楼板	物理特征（坡度、厚度、材质）	楼板分层，降板，洞口，楼板边缘	楼板分层更细，洞口更全	概算信息，楼板材质供应商信息，材质价格	全部参数信息
顶棚	用一块整板代替，只体现边界	厚度，局部降板，准确分割，并有材质信息	龙骨，预留洞口，风口等，带节点详图	概算信息，顶棚材质供应商信息，材质价格	全部参数信息
楼梯（含坡道、台阶）	几何形体	详细建模，有栏杆	电梯详图	参数信息	运营信息，物业管理全部参数信息
电梯（直梯）	电梯门，带简单二维符号表示	详细的二维符号表示	节点详图	电梯厂商信息	运营信息，物业管理全部参数信息
家具	无	简单布置	详细布置＋二维表示	家具厂商信息	运营信息，物业管理全部参数信息

（2）结构专业（混凝土）　结构专业 BIM 模型 LOD 标准详见表 7.2-6。

表 7.2-6　结构专业 BIM 模型 LOD 标准

详细等级（LOD）	100	200	300	400	500
板	物理属性，板厚、板长、宽、表面材质颜色	类型属性，材质，二维填充表示	材料信息，分层做法，楼板详图，附带节点详图（钢筋布置图）	概算信息，楼板材质供应商信息，材质价格	运营信息，物业管理所有详细信息
梁	物理属性，梁长宽高，表面材质颜色	类型属性，具有异形梁表示详细轮廓，材质，二维填充表示	材料信息，梁标识，附带节点详图（钢筋布置图）	概算信息，梁材质供应商信息，材质价格	运营信息，物业管理所有详细信息
柱	物理属性，柱长宽高，表面材质颜色	类型属性，具有异形柱表示详细轮廓，材质，二维填充表示	材料信息，柱标识，附带节点详图（钢筋布置图）	概算信息，柱材质供应商信息，材质价格	运营信息，物业管理所有详细信息
梁柱节点	不表示，自然搭接	表示锚固长度，材质	钢筋型号，连接方式，节点详图	概算信息，材质供应商信息，材质价格	运营信息，物业管理所有详细信息
墙	物理属性，墙厚、宽、表面材质颜色	类型属性，材质，二维填充表示	材料信息，分层做法，墙身大样详图，空口加固等节点详图（钢筋布置图）	概算信息，墙材质供应商信息，材质价格	运营信息，物业管理所有详细信息
预埋及吊环	不表示	物理属性，长宽高物理轮廓。表面材质颜色类型属性，材质，二维填充表示	材料信息，大样详图，节点详图（钢筋布置图）	概算信息，基础材质供应商信息，材质价格	运营信息，物业管理所有详细信息

（3）地基基础　地基基础 BIM 模型 LOD 标准详见表 7.2-7。

表 7.2-7　地基基础 BIM 模型 LOD 标准

详细等级（LOD）	100	200	300	400	500
基础	不表示	物理属性，基础长宽高物理轮廓。表面材质颜色类型属性，材质，二维填充表示	材料信息，基础大样详图，节点详图（钢筋布置图）	概算信息，基础材质供应商信息，材质价格	运营信息，物业管理所有详细信息
基坑工程	不表示	物理属性，基坑长宽高物理轮廓。表面材质颜色	基坑围护，节点详图（钢筋布置图）	概算信息，基坑维护材质供应商信息，材质价格	运营信息，物业管理所有详细信息

（续）

详细等级（LOD）	100	200	300	400	500
柱	物理属性，钢柱长宽高，表面材质颜色	类型属性，根据钢材型号表示详细轮廓，材质，二维填充表示	材料信息，钢柱标识，附带节点详图	概算信息，柱材质供应商信息，材质价格	运营信息，物业管理所有详细信息
桁架	物理属性，桁架长宽高，无杆件表示，用体量代替，表面材质颜色	类型属性，根据桁架类型搭建杆件位置，材质，二维填充表示	材料信息，桁架标识，桁架杆件连接构造。附带节点详图	概算信息，桁架材质供应商信息，材质价格	运营信息，物业管理所有详细信息
梁	物理属性，梁长宽高，表面材质颜色	类型属性，根据钢材型号表示详细轮廓，材质，二维填充表示	材料信息，钢梁标识，附带节点详图	概算信息，钢梁材质供应商信息，材质价格	运营信息，物业管理所有详细信息
柱脚	不表示	柱脚长、宽、高用体量表示，二维填充表示	柱脚详细轮廓信息，材料信息，柱脚标识，附带节点详图	概算信息，柱材质供应商信息，材质价格	运营信息，物业管理所有详细信息

（4）给水排水专业　给水排水专业 BIM 模型 LOD 标准详见表 7.2-8。

表 7.2-8　给水排水专业 BIM 模型 LOD 标准

详细等级（LOD）	100	200	300	400	500
管道	只有管道类型、管径、主管标高	有支管标高	加保温层、管道进设备机房尺寸	按实际管道类型及材质参数绘制管道（出产厂家、型号、规格等）	运营信息，物业管理所有详细信息
阀门	不表示	绘制统一的阀门	按阀门的分类绘制	按实际阀门的参数绘制（出产厂家、型号、规格等）	运营信息，物业管理所有详细信息
附件	不表示	统一形状	按类别绘制	按实际项目中要求的参数绘制（出产厂家、型号、规格等）	运营信息，物业管理所有详细信息
仪表	不表示	统一规格的仪表	按类别绘制	按实际项目中要求的参数绘制（出产厂家、型号、规格等）	运营信息，物业管理所有详细信息
卫生器具	不表示	简单的体量	具体的类别形状及尺寸	将产品的参数添加到元素当中（出产厂家、型号、规格等）	运营信息，物业管理所有详细信息
设备	不表示	有长宽高的体量	具体形状及尺寸	将产品的参数添加到元素当中（出产厂家、型号、规格等）	运营信息，物业管理所有详细信息

（5）暖通专业　暖通专业 BIM 模型 LOD 标准详见表7.2-9。

表7.2-9　暖通专业 BIM 模型 LOD 标准

详细等级（LOD）	100	200	300	400	500
暖通水管道	不表示	按着系统只绘主管线，标高可自行定义，按着系统添加不同的颜色	按着系统绘制支管线，管线有准确的标高，管径尺寸。添加保温，坡度	添加技术参数，说明及厂家信息，材质	运营信息与物业管理
管件	不表示	绘制主管线上的管件	绘制支管线上的管件	添加技术参数，说明及厂家信息，材质	运营信息与物业管理
附件	不表示	绘制主管线上的附件	绘制支管线上的附件，添加连接件	添加技术参数，说明及厂家信息，材质	运营信息与物业管理
阀门	不表示	不表示	有具体的外形尺寸，添加连接件	添加技术参数，说明及厂家信息，材质	运营信息与物业管理
设备	不表示	不表示	具体几何参数信息，添加连接件	添加技术参数，说明及厂家信息，材质	运营信息与物业管理
仪表	不表示	不表示	有具体的外形尺寸，添加连接件	添加技术参数，说明及厂家信息	运营信息与物业管理

（6）电气专业　电气专业 BIM 模型 LOD 标准详见表7.2-10。

表7.2-10　电气专业 BIM 模型 LOD 标准

详细等级（LOD）	100	200	300	400	500
设备构件	不建模	基本族	基本族、名称、符合标准的二维符号，相应的标高	准确尺寸的族、名称、符合标准的二维符号、所属的系统	准确尺寸的族、名称、符合标准的二维符号、所属的系统、生产厂家、产品样本的参数信息
桥架	不建模	基本路由	基本路由、尺寸标高	具体路由、尺寸标高、支吊架安装、所属系统	具体路由、尺寸标高、支吊架安装、所属系统、生产厂家、产品样本的参数信息
电线电缆	不建模	基本路由、导线根数	基本路由、导线根数、所属系统	基本路由、导线根数、所属系统、导线材质类型	基本路由、导线根数、所属系统、导线材质类型、生产厂家

（7）BIM 建模详细等级建议　BIM 建模详细等级建议详见表7.2-11。

表 7.2-11 BIM 建模详细等级建议

	方案阶段	初设阶段	施工图阶段	施工阶段	运营阶段
	LOD	LOD	LOD	LOD	LOD
建筑专业					
场地	100	200	300	300	300
墙	100	200	300	300	300
散水	100	200	300	300	300
幕墙	100	200	300	300	300
建筑柱	100	200	300	300	300
门窗	100	200	300	300	300
屋顶	100	200	300	300	300
楼板	100	200	300	300	300
顶棚	100	200	300	300	300
楼梯(含坡道、台阶)	100	200	300	300	300
电梯（直梯）	100	200	300	300	300
家具	100	200	300	300	300
结构专业					
板	100	200	300	300	300
梁	100	200	300	300	300
柱	100	200	300	300	300
梁柱节点	100	200	300	300	300
墙	100	200	300	300	300
预埋及吊环	100	200	300	300	300
地基基础					
基础	100	200	300	300	300
基坑工程	100	200	300	300	300
柱	100	200	300	300	300
桁架	100	200	300	300	300
梁	100	200	300	300	300
柱脚	100	200	300	300	300
给水排水专业					
管道	100	200	300	300	300
阀门	100	200	300	300	300
附件	100	200	300	300	300
仪表	100	200	300	300	300
卫生器具	100	200	300	400	400
设备	100	200	300	400	400

（续）

	方案阶段	初设阶段	施工图阶段	施工阶段	运营阶段
	LOD	LOD	LOD	LOD	LOD
暖通专业					
风管道	100	200	300	300	300
管件	100	200	300	300	300
附件	100	200	300	300	300
末端	100	200	300	300	300
阀门	100	100	300	300	300
机械设备	100	100	300	400	500
水管道	100	200	300	300	300
管件	100	200	300	300	300
附件	100	200	300	300	300
阀门	100	100	300	300	300
设备	100	100	300	400	500
仪表	100	100	300	400	500
机电专业（强电）						
供配电系统	配电箱	100	200	400	400	400
	电度表	100	200	400	400	400
	变、配电站内设备	100	200	400	400	400
电力、照明系统	照明	100	100	400	400	400
	开关插座	100	100	300	300	300
线路敷设及防雷接地	避雷设备	100	100	300	400	400
	桥架	100	100	300	400	400
	接线	100	100	300	400	400
机电专业（弱电）						
火灾报警及联动控制系统	探测器	100	100	300	400	400
	按钮	100	100	300	400	400
	火灾报警电话	100	100	300	400	400
	火灾报警	100	100	300	400	400
线路线槽	桥架	100	100	300	400	400
	接线	100	100	300	400	400
通信网络系统	插座	100	100	400	400	400
弱电机房	机房内设备	100	200	400	500	500
其他系统设备	广播设备	100	100	300	400	500
	监控设备	100	100	300	400	500
	安防设备	100	100	300	400	500

7.3 BIM 建模要求

7.3.1 模型建立标准

大型项目模型的建立涉及专业多、楼层多、构件多，BIM 模型的建立一般是分层、分区、分专业。这就要求 BIM 团队在建立模型时应遵从一定的建模规则，以保证每一部分的模型在合并之后的融合度，避免出现模型质量、深度等参差不齐的现象。

7.3.2 模型命名规则

大型项目模型分块建立，建模过程中随着模型深度的加深、设计变更的增多，BIM 模型文件数量成倍增长。为区分不同项目、不同专业、不同时间创建的模型文件，缩短寻找目标模型的时间，建模过程中应统一使用一个命名规则。

7.3.3 模型深度控制

在建筑设计、施工的各个阶段，所需要的 BIM 模型的深度不同，如：建筑方案设计阶段仅需要了解建筑的外观、整体布局；而施工工程量统计则需要了解每一个构件的长度、尺寸、材料、价格等。这就需要根据工程需要，针对不同项目、项目实施的不同阶段建立对应标准的 BIM 模型。

7.3.4 模型质量控制

BIM 模型的用处大体体现在以下两个方面：可视化展示及指导施工，不论哪个方面，都需要对 BIM 模型进行严格的质量控制，才能充分发挥其优势，真正用于指导施工。

7.3.5 模型准确度控制

BIM 模型是利用计算机技术实现对建筑的可视化展示，需保持与实际建筑的高度一致性，才能运用到后期的结构分析、施工控制及运维管理中。

7.3.6 模型完整度控制

BIM 模型的完整度包含两部分，一是模型本身的完整度，二是模型信息的完整度。模型本身的完整度应包括建筑的各楼层、各专业到各构件的完整展示。信息的完整度包含工程施工所需的全部信息，各构件信息都为后期工作提供有力依据。如钢筋信息的添加给后期二维施工图中平法标注自动生成提供属性信息。

7.3.7 模型文件大小控制

BIM 软件因包含大量信息，占用内存大，建模过程中控制模型文件的大小，避免对计算机的损耗及建模时间的浪费。

7.3.8 模型整合标准

对各专业、各区域的模型进行整合时，应保证每个子模型的准确性，并保证各子模型的原点一致。

7.3.9 模型交付规则

模型的交付完成建筑信息的传递，交付过程应注意交付文件的整理，保持建筑信息传递的完整性。

7.3.10 BIM 移动终端可视化解决方案

1）基于笔记本计算机。
2）基于移动平台。
3）基于网络。

7.3.11 BIM 实施手册制定

在创建 BIM 模型前，制定相应的 BIM 实施手册，对 BIM 模型的建立及应用进行规划，实施手册主要内容包括：
1）明确 BIM 建模专业。
2）明确各专业部门负责人。
3）明确 BIM 团队任务分配。
4）明确 BIM 团队工作计划。
5）制定 BIM 模型建立标准。

7.4 对 BIM 模型审查、设计查错及优化的要求

7.4.1 建筑专业

1）已完成的建筑施工图（含地下室）全面核对。
2）消防防火分区的复核与确认（按批准的消防审图意见梳理，包括防火防烟分区的划分，垂直和水平安全疏散通道、安全出口等）。
3）防火卷帘、疏散通道、安全出口距离（如防火门位置、开启方向、净宽）及建筑消防设施（如消火栓埋墙位置、喷淋头、报警器、防排烟设施等）。
4）扶梯（含观光电梯平台外观及交叉处净高），电梯门洞的净高、基坑及顶层机房（有无），楼梯梁下净高等。
5）各种变形缝（含主楼与裙楼，防震与沉降缝等）位置的审核。
6）专业间可能发生的各种碰撞校审（如室内与室外，建筑与结构和机电的标高等），重点是消防疏散梯、疏散转换口的复核。

7）室内砌墙图、橱窗及其他隔断布置图样的复核。

8）所有已发生和待发生的建筑变更图样的复核。

9）规范及审图要求，如商业防火玻璃的使用部位；消防门的宽度及材料与内装设计要求是否一致，是否满足消防要求；内外装饰的消防、建审等审图工作的 BIM 模型配合。

7.4.2 结构专业

1）屋顶及后置钢结构计算书的审核。天窗等二次钢结构图样、滑移天窗结构图样、天窗侧面钢结构及幕墙结构图样审核。

2）梁、板、柱（标高、点位）图样审核；结构缝的处理方式（缝宽优化）。

3）室内看室外有未封闭部位复核与整合。

4）基坑部位等二次钢结构复核。

5）电梯井道架结构复核。

6）室内 LED 屏幕连接（与钢结构或二次结构）复核。

7）室内外挂件、雕塑结构位置的复核。

8）幕墙结构与室内入口门厅位置结构的复核。

9）结构变更图样的复核。

10）现场已完成施工的结构条件与机电、内装碰撞点整合。

7.4.3 设备专业

1）管线标高原则：风管、线槽、有压和无压管道均按管底标高表示，小管让大管，有压让无压，低压管道避让高压管道，考虑检修空间；冷水管道避让热水管道，考虑保温后管道外径变化情况；附件少的管道避让附件多的管道。

2）审核吊顶标高：整合建筑设计单位及装饰单位图样。

3）审核走廊、中庭等净高度、宽度、梁高：审查结构和机电图样给定的条件。

4）确定管道保温厚度、管道附件设置：审查机电管线综合图样。

5）审定管道穿墙、穿梁预留空洞位置标高：审查结构和机电专业图样碰撞点。

6）公共部位暖通风管的走向、标高及设备位置的复核；公共部位消防排烟风管的走向、标高及设备位置的复核；通风口、排风口的位置是否正确，风口的大小是否符合要求（提出要求，满足效果要求下修正尺寸）。

7）室内 LED 屏大小、尺寸、载荷重量、安装维护方式。

8）雨污水管道位置，煤气、自来水管道位置。

9）涉及内装楼层的监控、探头等装置。

10）消防喷淋、立管、消防箱位置的复核；挡烟垂壁、防火卷帘位置的复核。

11）综合管线排布审核，强电桥架线路图样的复核；弱电桥架、系统点位的复核。

设备专业 BIM 审图内容和要求见表 7.4-1。

表 7.4-1　设备专业 BIM 审图内容和要求

图样种类	专业划分	程序	审图内容	深度要求
与土建配合图样与土建专业配合图样	给水排水专业	审图 管线协调 管线/基础定位 留洞及基础图	各层给水排水，消防水一次墙及二次墙及楼板留洞图	洞口尺寸，洞口位置
			卫生间墙板留洞图	
			生活，消防水泵房水泵基础图	基础尺寸，基础位置，基础标高
			水箱基础图	
			各种机房设备基础图	
	暖通专业	审图 管线协调 管线/基础定位 留洞及基础图	各层空调水，空调风留洞图	洞口尺寸，洞口位置
			冷冻机房设备基础图	基础尺寸，基础位置，基础标高
			热力设备基础图	
			各类空调机房基础图	
	强电专业	审图 桥架/线槽协调 桥架/线槽线定位 留洞及基础图	各层桥架，线槽穿墙及楼板留洞图	洞口尺寸，洞口位置
			电气竖井小间楼板留洞图	
			变电所母线桥架高低压柜基础留洞图 变配电所土建条件图	
			高低压进户线穿套管留洞图	
			防雷接地引出接点图	
	弱电专业	审图 桥架/线槽/管线协调 桥架/线槽/管线定位 留洞及基础图	各层桥架，线槽穿墙及楼板留洞图	洞口尺寸，洞口位置
			竖井小间楼板留洞图	
			弱电管线进户预留预埋图	
			弱电各机房线槽穿墙及楼板留洞图	
			弱电机房接地端子预留图	尺寸，位置
			卫星接收天线基座图	基础尺寸，位置
综合协调图	各专业	各专业管线综合协调 综合管线图叠加 综合协调图	机电管线综合协调平面图	管道及线槽尺寸及定位，标高及相关专业的平面协调关系
			机电管线综合协调剖面图	管道及线槽尺寸及定位，标高及相关专业的空间位置
深化设计图样	给水排水专业	专业指导 管线/设备定位 专业深化设计	各层给水平面图，系统图	管道尺寸及平面定位，标高
			各层雨水，污水平面图，系统图	
			各层消防水平面图，系统图	
		卫生洁具选型 管线/器具定位 大样图	卫生间大样图	设备及管道尺寸及平面定位，标高
		设备选型 设备定位 专业深化设计	生活，消防水泵房大样图	设备及管道尺寸及平面定位，标高
			水箱间大样图	
			各类机房大样图	

（续）

图样种类	专业划分	程序	审图内容	深度要求
深化设计图样	暖通专业	专业指导 管线/设备定位 专业深化设计	空调水平面图	水管尺寸定位及标高，位置，坡度等
			空调风平面图	风管尺寸定位及标高，风口的位置及尺寸等
		设备选型 设备定位 专业深化设计	冷冻机房大样图	水管管径定位及标高坡度等
			空调机房大样图	新风机组的位置及附件管线连接
			屋顶风机平面图	正压送风机，卫生间的房间的排风机定位
			楼梯间及前室加压送风系统图	加压送风口尺寸及所在的楼梯间编号
			排烟机房大样图	风机具体位置、编号及安装形式等
			卫生间排风大样图	排气扇位置及安装形式
			冷却塔大样图	设备，管线平面尺寸定位，标高等
	电气专业	专业指导 管线/线槽/桥架定位 专业深化设计 专业指导 管线/线槽/桥架定位 专业深化设计	室内照明平面图	灯具及开关平面布置、管线选取、管线的敷设
			插座供电平面图	插座布置、管线选取及敷设
			动力干线平面图 动力桥架平面图	配电箱、桥架、母线、线槽的协调定位、选取、平面图的绘制
			动力配电箱系统图 照明配电箱系统图	动力、照明配电箱系统图的绘制、二次原理图的控制要求的注明
			室内动力电缆沟剖面图	尺寸，位置，标高
			防雷平面图	尺寸，位置
			设备间接地平面图	接地线、端子箱的位置、高度；平面图的绘制
			弱电接地平面图	接地线、端子箱的位置、高度；平面图的绘制
			变配电室照明平面图	灯具及开关的平面布置、管线选取、管线的敷设
			变配电室动力平面图 动力干线平面图 动力桥架平面图	配电箱、桥架、母线、线槽的协调定位、选取、平面图的绘制

（续）

图样种类	专业划分	程序	审图内容	深度要求
深化设计图样	电气专业	专业指导 管线/线槽/桥架定位 专业深化设计 专业指导 管线/线槽/桥架定位 专业深化设计	变配电室平面布置图	高、低压柜；模拟屏；直流屏；变压器等的布置
			高压供电系统图	系统图
			低压供电系统图	系统图
			变配电室接地干线图	同前述
			应急发电机房照明平面图	同前述
			动力部分	要求同室内工程的动力系统部分
			发电机房接地系统图	原理，配置，系统情况
	弱电专业	专业指导 管线/线槽/桥架定位 专业深化设计	火灾报警系统/平面图	桥架，管线的规格尺寸，标高，位置
			安全防范系统/平面图	
			综合布线系统/平面图	
			楼宇自控系统/平面图	
			卫星及有线电视平面/平面图	
			公共广播系统平面/平面图	

7.4.4 总体要求

大型公建的 BIM 设计空间关系复杂，内外装要求高，机电的管线综合布置系统多、智能化程度高、各工种专业性强、功能齐全（如何使各系统的使用功能效果达到最佳，整体排布更美观是工程机电深化设计的重点，也是难点）。加上建筑设计一般分批出图，过程中难免不断修改、调整方案，针对设计存在问题，迅速对接、核对、相互补位、提醒、反馈信息和整合到位（各负其责），通过各专业工程师与设计公司的分工合作优化和深化设计，从制作专业精准模型—综合链接模型—碰撞检查—分析和修改碰撞点—数据集成—最终完成内装的 BIM 模型（虚拟结合现完成的真实空间，动态观察，综合业态要求，推敲空间结构和装饰效果），指导施工图深化设计和采购招标投标，现场施工。

7.5 BIM 模型应用方案

以某项目为例，为了充分配合本工程，我公司将根据本工程施工进度设计 BIM 应用方案。主要节点为：

1）投标阶段初步完成基础模型建立，应用规划，管理规划。

2）中标进场前初步制定本项目 BIM 实施导则、交底方案，完成项目 BIM 标准大纲。

3）人员进场前针对性进行 BIM 技能培训，实现专业管理人员掌握 BIM 技能。

4）确保各施工节点前一个月完成专项 BIM 模型，并初步完成方案会审。

5）各专业分包投标前 1 个月完成分包所负责部分模型工作，用于工程量分析，招标准备。

6) 各专项工作结束后一个月完成竣工模型以及相应信息的三维交付。

7) 工程整体竣工后针对物业进行三维数据交付。

详细应用节点计划见表 7.5-1。

表 7.5-1 详细应用节点计划

标识号	任务名称	工期	开始时间	完成时间
1	投标阶段	22 工作日	2013年9月16日	2013年10月15日
2	基础模型建立	10 工作日?	2013年9月16日	2013年9月28日
3	空间规划	1 工作日?	2013年10月15日	2013年10月15日
4	管理规划	22 工作日?	2013年9月16日	2013年10月15日
5	施工准备	23 工作日	2013年10月21日	2013年11月20日
6	BIM实施导则	9 工作日?	2013年10月21日	2013年10月31日
7	交底方案	16 工作日?	2013年10月25日	2013年11月15日
8	BIM标准大纲	23 工作日?	2013年10月21日	2013年11月20日
9	施工进场	32 工作日?	2013年10月20日	2013年11月30日
10	BIM放线培训	8 工作日?	2013年11月21日	2013年12月2日
11	完善土方部分BIM模型	17 工作日?	2013年10月21日	2013年11月12日
12	施工方案验证	24 工作日?	2013年10月28日	2013年11月29日
13	工程量分析	2 工作日?	2013年11月20日	2013年11月21日
14	指导招投标	3 工作日?	2013年11月19日	2013年11月21日
15	施工阶段	1536 工作日	2013年11月26日	2019年9月30日
16	基础开挖阶段	164 工作日	2013年11月26日	2014年7月8日
17	基础部分模型维护	156 工作日?	2013年12月2日	2014年7月8日
18	地下结构模型深化	136 工作日?	2013年12月26日	2014年5月30日
19	完成方案交底	34 工作日?	2014年4月15日	2014年5月30日
20	工程量分析	2 工作日?	2014年6月2日	2014年6月3日
21	指导招投标	3 工作日?	2014年6月4日	2014年6月5日
22	地下结构施工阶段	198 工作日	2014年6月3日	2015年2月28日
23	地下结构模型维护	169 工作日?	2014年7月11日	2015年1月6日
24	地上结构模型深化	168 工作日?	2014年6月3日	2015年1月20日
25	完成方案实施	31 工作日?	2014年11月25日	2015年1月6日
26	工程量分析	2 工作日?	2015年1月7日	2015年1月8日
27	指导招投标	3 工作日?	2015年1月15日	2015年1月16日
28	完成基础竣工模型并交付	24 工作日?	2014年7月8日	2014年8月8日
29	主体结构施工阶段	444 工作日	2015年1月23日	2016年9月27日
30	主体结构模型维护	413 工作日?	2015年3月4日	2016年9月27日
31	机电、装修模型深化	111 工作日?	2015年1月23日	2015年6月23日
32	完成方案交底	7 工作日?	2015年6月22日	2015年6月30日
33	工程量分析	4 工作日?	2015年6月23日	2015年6月26日
34	指导招投标	3 工作日?	2015年7月2日	2015年7月9日
35	完成地下结构竣工模型并	22 工作日?	2015年8月1日	2015年8月30日
36	机电安装、装修施工阶段	637 工作日	2015年3月28日	2017年8月31日
37	机电、装修模型维护	542 工作日?	2015年8月5日	2017年8月31日
38	完成主体结构竣工模型并	23 工作日?	2015年3月28日	2015年4月28日
39	竣工阶段	544 工作日	2017年8月31日	2019年9月30日
40	完成机电、装修竣工模型	15 工作日?	2017年8月31日	2017年9月20日
41	BIM全专业模型整体交付	4 工作日?	2017年9月16日	2017年9月20日
42	运营阶段	523 工作日	2017年9月30日	2019年9月30日
43	运营维护支持	522 工作日?	2017年9月30日	2019年9月30日

项目: jihua1
日期: 2013年9月30日

任务 ▬▬▬ 进度 ▬▬▬ 摘要 ▼▬▬▼ 外部任务 ▬▬▬ 期限 ⇩
拆分 ……… 里程碑 ◆ 项目摘要 ▼▬▬▼ 外部里程碑 ◇

第1页

模型作为 BIM 实施的数据基础，为了确保 BIM 实施能够顺利进行，我们将会根据应用节点计划合理安排建模计划，并将时间节点、模型需求、模型精度、责任人、应用方向等细节进行明确要求，确保能够在规定时间内提供 BIM 应用的模型基础。

7.5.1 协同方法

为了保证各专业建模人员以及相关分包在模型建立过程中，能够进行及时有效的协同，我们将制定详细的协同工作标准，来规定工作集的划分、模型的更新时间等，确保大家的工作能够有效对接，同时保证模型的及时更新。BIM 协同模型工作标准如图 7.5-1 所示。

7.5.2 模型调整原则

基础模型建立完成后，针对建模过程中发现的图样问题，包括各种碰撞问题，我们将会如实反馈给设计方，然后根据设计方提供的修改意见进行模型调整。同时，对于图样更新、设计变更等，我们也需要在规定时间内完成模型的调整工作。而对于需要进行深化的管综、

2.1.1 协同模型工作标准

1. 协同工作的目的

1)实现多用户在同一项目上同时工作，节省时间。

2)提高大型项目的操作效率。

3)不同专业间的协作。

2. 工作集拆分原则与标准

(1)工作集拆分原则 根据硬件配置，可能需要对模型进行进一步地拆分，以确保运行性能。（一个基本原则是，对于大于50MB的文件都应进行检查，考虑是否可能进行进一步拆分。理论上，文件的大小不应超过100MB）

(2)工作集划分的大致标准 ①按照专业划分；②按照楼层划分；③按照项目的建造阶段划分；④按照材料类型划分；⑤按照构建类别与系统划分……

注：上述标准仅是一些建议，根据具体项目考虑项目的具体状况和人员状况而进行划分，由于每个项目需求不同，在一个项目中的有效进行工作集划分标准在另一个项目中不见得一定有用。尽量避免把工作集想象成传统的图层或者图层标准，划分标准并非一成不变。

图 7.5-1 BIM 协同模型工作标准

钢结构等节点，将由建设方、设计方、总包方、分包方等共同制定出合理的调整原则，再据此进行模型的深化和出图工作，保证调整后模型能够有效指导现场施工。Revit 模型调整原则及 CAD 出图调整原则，详见表 7.5-2、表 7.5-3。

表 7.5-2　Revit 模型调整原则

序号	专业模型	调整前	调整后	调整原则	备注
01	结构专业				
02	建筑专业				
03	暖通专业				□综合专业 □分专业
04	给水排水专业				
05	电气专业				

填表说明：调整前模型：要打"√"，不要打"×"。

调整后模型：要打"√"，不要打"×"。

表 7.5-3　CAD 出图调整原则

序号	专业图样	剖面图		备注
		轴号	标识信息	
01	结构专业			
02	建筑专业			
03	暖通专业			□综合专业 □分专业
04	给水排水专业			
05	电气专业			

7.5.3 模型检查

为了保证模型的准确性和实时更新，我们制定了一套完成的模型检查和维护机制，对每个模型的建模人、图样依据、建模时间、存储位置、检查人等进行详细的记录，同时规范出检查人应该对模型进行的各项检查内容，一定程度上提高了模型的可靠性和精准度。模型检查记录及检查内容记录见表7.5-4、表7.5-5。

表7.5-4　模型检查记录

工程名称：　　　　　　　　　　　　　　　　楼号：

建模人	模型名称	图样版本	图样名称	建模时间	存储位置	模型说明	移交人	备注
检查人	模型名称	图样版本	图样名称	检查时间	存储位置	问题说明	移交人	备注
建模人	模型名称	图样版本	图样名称	建模时间	存储位置	模型说明	移交人	备注
检查人	模型名称	图样版本	图样名称	检查时间	存储位置	问题说明	移交人	备注
建模人	模型名称	图样版本	图样名称	建模时间	存储位置	模型说明	移交人	备注
检查人	模型名称	图样版本	图样名称	检查时间	存储位置	问题说明	移交人	备注

表7.5-5　模型检查内容

工程名称：				楼层信息		
依据图样				专业：		
序号	项目	检查方法	检查内容	检查结果	问题说明	备注
1	基本信息	以某专业模型为基础，将其他专业模型链接到建筑模型中	轴网			
			原点			
			标高			
			存储位置			
2	构件命名及参数	对照相关专业图样进行建模检查	是否按照《BIM建模标准》中的命名规则命名			
			检查是否有"楼层""混凝土编号""施工流水段"等相关参数信息			
			是否将机电各专业系统完整划分			
			中心文件工作集是否完整			
			机电专业所属工作集名称与各管线颜色是否按照《BIM建模标准》执行			
3	图样对照检查	对照相关专业图样进行建模检查	依据的图样是否正确			
			轴网、标高、图样是否锁定，避免因手误导致错位			
			根据图样检查构件的位置、大小、标高与原图是否一致			
			各节点模型参照节点详图进行检查			

（续）

序号	项目	检查方法	检查内容	检查结果	问题说明	备注

工程名称：　　　　　　　　　　　　　　　　楼层信息

依据图样　　　　　　　　　　　　　　　　专业：

序号	项目	检查方法	检查内容	检查结果	问题说明	备注
4	建模精度	对照相关专业图样进行建模检查	检查各专业模型是否按照《BIM建模标准》中的LOD标准建模			
			若机电专业设备模型的具体型号尺寸没有时，检查是否用体量进行占位，待数据更新后进行替换			
5	设计问题	针对项目上较为关心的项目，进行图样问题检查	梁板位置关系			
			降板的合理性			
			留洞位置的一致性等			
			综合管线碰撞			
6	变更检查	对照相关专业图纸、变更文件、问题报告等进行建模检查	每次提出的问题报告，应由专人进行检查后再进行交付			
			项目部就问题报告进行回复后，需进行书面记录，并在模型上予以相应调整			
			在获取变更洽商后，应对相关模型进行调整并进行记录			
7	注意事项		通过过滤功能，查看每个机电系统的管件是否有缺漏等			
			在管综调整过程中，发现碰撞点必须先检查图样问题			
			绘制模型过程中，注意管理中的错误提示，随时调整			
			将所有模型按照各项目、各专业分门别类进行规范命名，并进行过程版本存储、备份			
			及时删除可认为无用的自动保存文件			

7.6　建模计划表制定

BIM 建模计划，详见表 7.6-1。

表 7.6-1　BIM 建模计划表

建模计划表					
时间节点	模型需求	模型精度	负责人	应用方向	施工工期阶段
投标阶段	基础模型	LOD300	总包 BIM	模型展示、4D 模拟	
施工准备	场地模型		总包 BIM	电子沙盘、场地空间管理	施工准备阶段
	全专业模型	LOD300	总包 BIM	工程量统计、图样会审、分包招标	
	土方开挖模型		总包 BIM	土方开挖方案模拟、论证，土方量计算	
基础施工阶段	模型维护	LOD300	总包 BIM	根据新版图样和变更洽商，进行模型维护	地下结构施工阶段
	模型数据分析		总包 BIM	4D 施工模拟、成本分析、分包招标	

（续）

				建模计划表	
主体施工阶段	精细化模型	LOD500	总包 BIM	精细化模型，加入项目参数等相关信息	低区结构施工阶段 高区结构施工阶段
	深化设计		总包 BIM、分包	完成节点深化模型（钢构及管综等）	
	技术交底		总包 BIM、分包	结构洞口预留预埋	
	方案论证		总包 BIM、分包	重点方案模拟	
	方案模拟		总包 BIM、分包	大型构件吊装模拟、定位	
装修阶段	精细化模型	LOD500	总包 BIM	样板间制作	装饰装修机电安装施工阶段
	施工工艺			墙顶地布置	
	质量管控			幕墙全过程控制	
	成品保护		总包 BIM	模型中进行责任面划分	
运营维护	模型交付	LOD500	总包 BIM、分包	模型交付	系统联动调试、试运行竣工验收备案
	竣工验收		总包 BIM、分包	竣工图样汇总	

7.7 BIM 模型建立

7.7.1 整体模型

SK 大厦工程结构/建筑模型如图 7.7-1 所示。

图 7.7-1 SK 大厦工程结构/建筑模型

7.7.2 局部节点模型

（1）变截面梁配筋图（如图 7.7-2 所示）

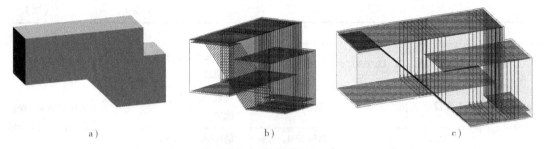

图 7.7-2 变截面梁配筋图

a）变截面梁示意图 b）变截面梁配筋详图 c）变截面梁配筋详图

（2）型钢柱脚详图（如图 7.7-3 所示）

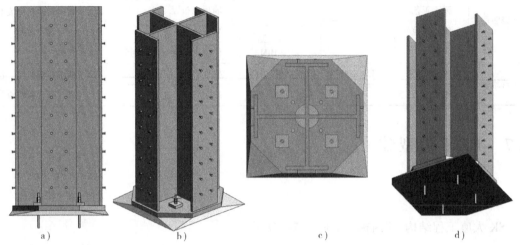

图 7.7-3 型钢柱脚详图

a）正视图 b）轴测图 c）俯视图 d）仰视图

（3）核心筒外墙柱配筋图（如图 7.7-4 所示）

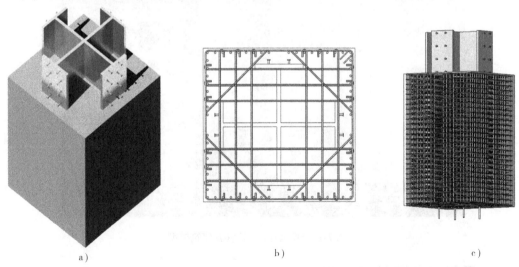

图 7.7-4 核心筒外墙柱配筋图

a）核心筒外墙柱轴测图 b）俯视图 c）核心筒外墙柱配筋详图

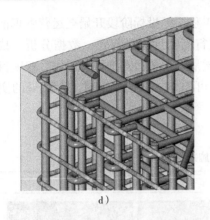
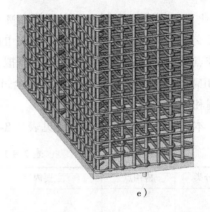

图 7.7-4　核心筒外墙柱配筋图（续）

d）核心筒外墙柱角部配筋示意图1　e）核心筒外墙柱角部配筋示意图2

7.7.3　施工分区图

施工分区图如图 7.7-5 所示。

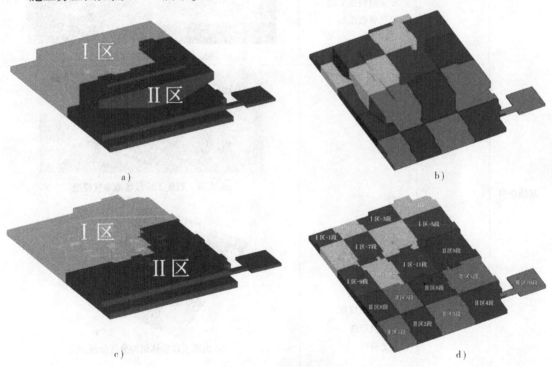

图 7.7-5　施工分区图

a）结构整体分区图　b）结构整体分区分段图　c）地下结构分区图　d）地下结构分区分段图

7.8　项目 BIM 模型应用点及实施效果

以某项目为例，在本项目中我方 BIM 团队将根据本工程特点和施工进度，参考我公司

《企业 BIM 标准》定制一套完整的 BIM 应用方案。从工程招标投标阶段开始至运营管理前的三维交付，我方承诺将采用基于 BIM 的技术应用，进行高精度模型搭建、数据分析、技术重难点深化设计、成本管理、施工模拟、方案论证、质量管理和运营维护等工作。在项目全员 BIM 的指导方针下，实现对工程全过程的可视化、可控化，真正实现对工程进展的实时把握和风险预控。

本项目 BIM 实施效果，详见表 7.8-1。

表 7.8-1　项目级 BIM 实施效果

分类	应用点	主要内容	应用效果
基础建模	全专业基础模型	建筑、结构、机电、给水排水、暖通等基础模型搭建 专业模型建立 图样会审 专业间模型交底 项目参数添加	 SK 大厦工程结构/建筑模型
	施工场地空间管理	场地布置 临时设施规划 周边环境分析 大市政接驳 交通组织规划 人材机管理 施工分区	 SK 大厦工程施工阶段场地布置模型 SK 大厦工程整体结构分区分段图 SK 大厦工程整体结构分区分段图

（续）

分类	应用点	主要内容	应用效果
深化设计	管综深化	碰撞检查报告 综合管线优化 出具深化图样 现场施工指导 支吊架布设及计算 平衡校核	 SK 大厦工程某层加入支吊架的管综排布 SK 大厦工程某层综合管线调整前后对比 SK 大厦工程某层 管线综合模型　　　SK 大厦工程碰撞报告 SK 大厦工程标准层二维深化图样

（续）

分类	应用点	主要内容	应用效果
深化设计	钢结构深化	干涉检查 节点深化 方案论证 物资采购 材料加工	SK 大厦工程利用自主软件进行典型钢节点排布 SK 大厦工程典型钢结构深化节点
模型数据 分析	工程算量	明细表统计 成本管理 物资采购 物资平台 人材机管理	SK 大厦工程模型中提取构件明细表 基于 SK 大厦工程模型数据库的物资平台

（续）

分类	应用点	主要内容	应用效果
模型数据分析	施工定位测量	建筑定位 坐标数据提取 大型构件预拼装 变形监测	 SK 大厦工程测量方案演示 从 SK 大厦工程结构模型中提取测量数据
	健康监测	施工过程应力应变 基坑变形 风振监测	 SK 大厦工程施工过程健康监测平台
	施工模拟	总包进度管理 （4D 施工模拟）	施工进度模拟 工序搭接 技术交底 进度计划验证

注：此行施工模拟列中应用效果为 SK 大厦工程 4D 施工模拟

（续）

分类	应用点	主要内容	应用效果
方案论证	精装修方案	效果展示 工序搭接 技术交底 工艺优化 材料选择 墙顶地排布	SK 大厦工程卫生间精装模拟
	垂直运输方案	方案论证 运力分析 人材机管理 安全监测	SK 大厦工程塔楼垂直运输方案模拟
质量控制	样品制作	效果展示 图样深化 技术交底 工艺优化 材料采购	SK 大厦工程卫生间样板间制作
	数据分析	预应力计算 支吊架计算 平衡校核	SK 大厦工程钢构件预应力计算 SK 大厦工程支吊架计算书

（续）

分类	应用点	主要内容	应用效果
运营维护	竣工资料	模型交付 竣工资料编制	 SK大厦工程协同平台图样管理
	运营维护	模型信息调取 运行管理 维修支持	 SK大厦工程协同平台设备信息

课 后 习 题

1. 以下命名不正确的是（　　）。
   A. B01-"矩形柱"-300×300
   B. 3#建筑楼梯
   C. B01-B-KZ-1-300×300
   D. B01-送风

2. 市政加压给水管在图中的颜色是（　　）。
   A. 红色
   B. 绿色
   C. 青色
   D. 黄色

3. 建模过程中对模型文件的大小的要求是（　　）。
   A. 越大越好，越详细
   B. 越小越好
   C. 适当控制大小，降低计算机损耗
   D. 无所谓

4. 碰撞检查属于BIM应用中的（　　）。
   A. 模型建立
   B 深化设计
   C. 数据分析
   D. 施工模拟

5. 结构专业梁柱节点的LOD400应展示的内容包括（　　）。
   A. 锚固长度，材质
   B. 钢筋型号
   C. 连接方式
   D. 节点详图

参 考 答 案

1. B　　2. B　　3. C　　4. B　　5. ABCD

导读：随着 BIM 技术的发展和完善，BIM 与新技术的结合也将不断拓展。本章主要介绍了 BIM 技术与 GIS 技术、三维扫描技术、VR 技术等的结合应用以及应用方法与优势。为读者提供 BIM 技术与新技术结合的新思路。

8.1 项目集成交付（IPD）模式

目前，BIM 的应用在欧美发达国家迅速推进，并得到政府和行业的大力支持。美国已经制定 BIM 标准，要求在所有政府项目中推广使用 BIM。应用 IFC（Industry foundation classes）标准和 BIM 技术，并已经推行基于 BIM 的 IPD（Integrated project delivery，集成项目交付）模式。BIM 在施工阶段的推广应用比较缓慢，尤其是 IPD 模式更为困难。IPD 是最大化 BIM 价值的项目管理实施模式，BIM 是一个三维的工程项目几何、物理、性能、空间关系、专业规则等一系列信息的集成数据库，可以协助项目参与方从项目概念阶段开始就在 BIM 模型支持下进行项目的各类造型、分析、模拟工作，提高决策的科学性。BIM 技术在 IPD 中的主要应用是 BIM 技术为 IPD 提供数据存储交换服务、BIM 技术为处理 IPD 相关法律事务提供服务、BIM 技术为完成 IPD 设计施工任务提供服务等。为了更好地在 IPD 中应用，BIM 技术需要在扩展其统一的数据标准，提高建筑信息模型的运行与维护性能和适应网络化应用三方面取得突破。BIM 技术在 IPD 模式中应用的发展方向如下：

（1）扩展 BIM 技术的统一数据标准　目前在以开放的数据标准进行数据存储与交换方面，BIM 技术还不能完全满足 IPD 多参与方之间进行数据共享与交换的需求，因为 IPD 的参与方各自都有对数据标准的特殊要求，BIM 技术还需要改进扩展其统一的数据标准，使其能被需求各异的参与方接受。

（2）提高建筑信息模型的运行与维护性能　因为 IPD 是应现代化巨型复杂项目的需求而生，当参与方共同向建筑信息模型输入己方重要的设计相关信息时，以现有 BIM 技术建立的模型也相应容量大增，运行维护困难。为了回应 IPD 对清晰定义与划分工作和保护知识产权的要求，需要使用 BIM 技术建立更精确的模型，这样模型中对象的数量将急剧增加，对象的属性数量也将随之增加，这些都会降低模型的运行效率。BIM 技术在大型模型的运行与维护方面的能力急需提高。

（3）发展适应网络化应用的 BIM 技术　IPD 将参与方集成到新的项目交付模式下，如果仅仅在物理位置上简单地实现这种集成，那么因为 IPD 模式需要参与方频繁交流，就必将产生巨大的交通费用和交通时间成本。目前计算机网络技术已经非常成熟，通过网络将 IPD 的参与方集成起来是一种极具潜力的解决方案，因此 BIM 技术也需要适时调整自己以适应基于网络技术集成参与方的 IPD 模式。

总体来说，IPD 模式下的建设项目，在各参与方之间建立了一种团队协作关系，实现了信息共享，风险共担，并集成各方资源、智力为共同的项目目标而努力，以期控制项目成本。

8.2　BIM 与建筑工业化

随着建筑业体制改革的不断深化和建筑规模的持续扩大，建筑业发展较快，物质技术基础显著增强，但从整体看，劳动生产率提高幅度不大，质量问题较多，整体技术进步缓慢。与传统的现场混凝土浇筑、缺乏培训的低素质劳务工人手工作业对比，建筑工业化将极大提升工程的建设效率。据资料显示，发达经济体预制装配建造方式与现场手工方式相比节约工期可达 30% 以上，建筑工业化能够提升工程建设效率。基于 BIM 技术的建筑工业化采取设计施工一体化生产方式，从建筑方案的设计开始，建筑物的设计就遵循一定的标准。

建筑工业化，首先应从设计开始，从结构入手，建立新型结构体系，包括钢结构体系、预制装配式结构体系，要让大部分的建筑构件，包括成品、半成品，实行工厂化作业。

1）要建立新型结构体系，减少施工现场作业。多层建筑应由传统的砖混结构向预制框架结构发展；高层及小高层建筑应由框架向剪力墙或钢结构方向发展；施工上应从现场浇筑向预制构件、装配式方向发展；建筑构件、成品、半成品以后场化、工厂化生产制作为主。

2）要加快施工新技术的研发力度，主要是在模板、支撑及脚手架施工方向有所创新，减少施工现场的湿作业。在清水混凝土施工、新型模板支撑和悬挑脚手架有所突破；在新型围护结构体系上，大力发展和应用新型墙体材料。

3）要加快"四新"成果的推广应用力度，减少施工现场手工操作。在积极推广住建部十项新技术的基础上，加快这十项新技术的转化和提升力度，其中包括提高部品部件的装配化、施工的机械化能力。

BIM 技术在建筑工业化的过程中，起着不可或缺的作用，主要体现在以下几个方面：

（1）基于 BIM 的数字化加工　建筑工业化的过程中，为提高施工的效率，对构件进行精确的加工是必不可少的前提条件。利用所建立的 BIM 模型，生成预制加工 BIM 模型，根据三维的加工 BIM 模型采用数字化的方式对构件进行制造，严格控制构件的误差。

（2）基于 BIM 的预拼装　基本上所有的混凝土结构都是现场浇筑的，不仅污染环境，制造噪声，还增加了工人的劳动强度，又难以保证工程质量。因此采用预制钢筋混凝土柱，预制预应力混凝土梁、板，通过钢筋混凝土后浇部分将梁、板、柱及节点连成整体的框架结构体系，具有减少构件截面，减轻结构自重，便于工厂化作业、施工速度快等优点，是替代砖混结构的一种新型多层装配式结构体系。采用标准化的构件，并用通用的大型工具（如定型钢板）进行生产和施工的方式。

同时，钢结构以其施工速度快、抗震性能好、结构安全度高等特点，在建筑中应用的优势日显突出；钢结构使用面积比钢筋混凝土结构增加面积 4% 以上，工期大大缩短；因此基于 BIM 的钢结构的预拼装也是建筑工业化发展的必然趋势。

（3）基于 BIM 的智慧工地　建筑工业化下的工地是智慧工地，其所参与的人、材、机、

料、法、环都在 BIM 技术的控制下有其独特的编号，对工程的施工质量及责任均可追溯到细部，对整个施工现场的管理将更加的智能、全面。

8.3　BIM 应用与 GIS 技术

近年，在世界上建筑信息模型（BIM）得到很大的发展，随着 BIM 不断发展，地理信息系统（GIS）技术与 BIM 融合应用在国外也很重视。大型施工企业 BIM 与 GIS 融合应用率较少，不同层面上面临着某些困难。软件昂贵、缺少实践、变革阻力、财政支持不足够、数据获取权限、共享文件和数据出现问题、与其他软件不对接、翻译有困难等，这些因素都阻碍 BIM 与 GIS 技术融合应用。

周妍（2016 年）提出全生命周期项目的不同阶段需要不同软件和技术。随着建筑行业不断发展，要求建筑施工管理必须与现代信息技术结合，主动走进可视化管理模式。世界各地的城市都意识到了现代信息技术的融合价值，包括 3D 三维模型、地理信息系统（GIS）、智能网络模型的电力、交通和其他设施基础的力量。如图 8.3-1 所示在世界不同地方 BIM 与 GIS 融合应用情况。

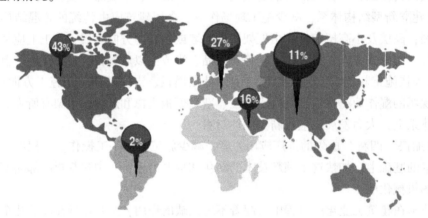

图 8.3-1　BIM 与 GIS 融合应用现状

BIM 与 GIS 技术的集成并运用于建筑施工管理全过程中，不仅能够通过建筑信息模型（BIM）应用统一标准整合建筑施工中的各项相关数据，集中管理，以实现科学决策、规划、施工和运营；而且还可以利用 GIS 采集、存储、管理、运算、显示及分析建筑空间地理分布和外部环境数据，为建筑施工场地空间布局、物流供应及最佳运输路线规划提供合理方案。

根据 GIS + BIM，"Enhancing productivity, efficiency, compliaces and mechanisation for construction industry-提高建筑业的生产力、效率、合规性和机械化"强调不同阶段上地理信息系统与 BIM 融合应用，如图 8.3-2 所示。

8.3.1　GIS 与 BIM 的融合

BIM 和 GIS 的集成和融合给人类带来的价值将是巨大的，方向也是明确的。但是从实现方法来看，无论在技术上还是管理上都还有许多需要讨论和解决的困难和挑战，至少有一点是明确的，简单地在 GIS 系统中使用 BIM 模型或者反之，目前都还不是解决问题的办法。

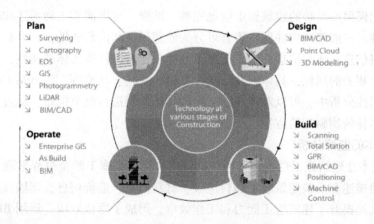

图 8.3-2 BIM 不同阶段的 GIS 应用

图 8.3-3 展示了 GIS 与 BIM 融合和发展的过程。

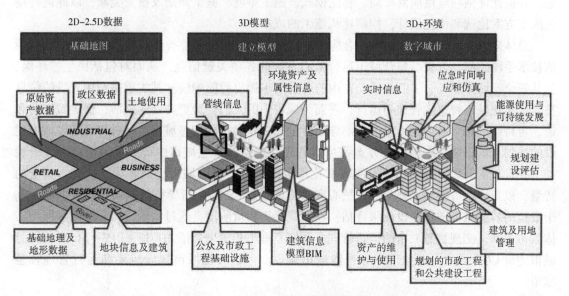

图 8.3-3 GIS 与 BIM 融合和发展的过程

8.3.2 BIM 与 GIS 在建筑施工管理可视化的具体应用

1. 信息流动分析

根据建设项目构建一个包含建筑构件及类型的 BIM 模型框架，然后在 BIM 内部，用较为详尽的信息来丰富其内容，并在 BIM 外部建立一个涉及建筑施工进程和所需物料的数据，形成一个初步的 GIS，动态显示建筑所需物料信息，并对项目空间位置进行分析，获取物料交付时间，修正建筑构件信息，在完成建设成本估算后，形成最终的 GIS，其真实反映建筑施工现场的地理数据、物料供应商信息及运输模式，实现对建筑用料、运输成本和库存量等的全方位把控；最后整合 GIS + BIM。

2. 建筑构件属性分析

建筑施工管理的可视化监控根本在于 BIM-GIS 模型内的信息交换和共享，而这一功能的实现需要可视化模型所反映的建筑施工信息完整、准确，也即能够正确描述和表达建筑施工所需物料的属性。一般建筑构件属性集合可分为外部属性和内部属性，前者是指包含物料供应商信息、物料信息、成本信息、施工信息等的相关建筑构件非实体的属性，而后者则是指与建筑构件密切相关的属性，具体涉及形状、重量、材料、功能等，将 BIM-GIS 技术应用在这些建筑构件属性分析中，可以对建筑施工中的具体用料进行细节推敲，通过数据对比和模拟分析，选出最佳的物料配给方案。

3. 建设成本的监控分析

BIM-GIS 技术在建筑施工可视化模型中的应用，将建筑施工的全过程呈现在虚拟的三维环境中，直观地描述和反映建筑施工物料供应、材料信息、造价信息、运输线路、库存量等数据信息，极大地提升了建筑施工能力和工作效率，形成了增值效应。运用 BIM-GIS 建立建筑施工模型，采用面向建筑信息模型（BIM）的制图软件 AutoCAD Civil 3D，快速调用建筑施工现场的外部环境，并通过直观的可视化形式呈现出来，快速准确地读取其空间布局状态，并据此评估物流供应商布局、物流模式、施工难度、施工周期及投资金额，以此进行建筑施工方案比选和优化设计，控制建筑施工的成本。

总体来说，BIM 与 GIS 技术融合应用目标是打造智慧城市。智慧城市就是运用信息和通信技术手段感测、分析、整合城市运行核心系统的各项关键信息，从而对包括民生、环保、公共安全、城市服务、工商业活动在内的各种需求做出智能响应。其实质是利用先进的信息技术，实现城市智慧式管理和运行，进而为城市中的人们创造更美好的生活，促进城市的和谐、可持续成长。采用 3DGIS + BIM 与 CIM 创建一个虚拟的智慧城市，各种符合智慧城市建设的规划、城市智慧应用解决方案都可以首先在虚拟的智慧城市中得到模拟仿真和分析验证，并且从中获取"城市历史发展和文化形成的智慧，解决城市生活宜居、便捷、安全的智慧，以及城市可持续发展与提升核心竞争力的智慧"，用于指导智慧城市建设；同时，基于虚拟的智慧城市进行建设成果评估；在智慧城市运行阶段，通过物联网、移动互联网与实体城市关联，实现智慧城市的运行管理。我们有理由相信融合了 3DGIS + BIM 与 CIM 的智慧城市建设 CGB 模式，有助于指导智慧城市建设、评估智慧城市建设成果和运行管理智慧城市。

8.3.3　BIM 与 GIS 融合应用优势

建筑信息模型（BIM）是建筑物模型的数字化表现形式，以一种三维虚拟实现建模为基础，将建筑施工所涉及的设计、规划、建造、运营等各个环节中的相关信息进行集成所得到的工程数据模型。而 GIS（地理信息系统）是在计算机软硬件系统的支撑下，以测绘为基础，融合计算机图形和数据库于一体，用来采集、存储、编辑、查询、处理、分析、输出和运用空间数据的高新技术。借助于其特有的空间分析功能和可视化表达功能，将地理位置和相关属性数据有效融合在一起，结合建筑施工需求将这些数据准确真实，图文并茂地传递给管理者，完成各类辅助决策。BIM 与 GIS 融合应用优势如图 8.3-4 所示。

1）更好协调。

2）改善建设周期。

3）改善可视化。

4）减少风险、碰撞检查、减少施工意外的风险。

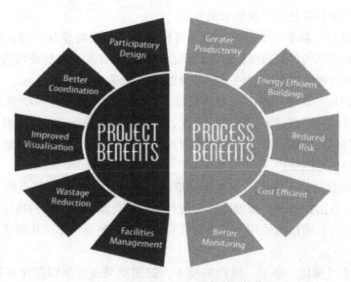

图 8.3-4　BIM + GIS 融合应用优势

5）协助减少浪费成本。

6）改善项目监控和操作效率。

7）设施管理。

8）提供持续性设计。

8.4　BIM 与三维扫描技术

三维扫描技术是利用激光测距的原理，集光、机、电和计算机技术于一体的高新技术，该技术密集地记录目标物体的表面三维坐标、反射率和纹理信息，对整个空间进行的三维测量，以获得物体表面的空间坐标，即空间位置关系。三维扫描技术能实现非接触测量，且具有速度快、精度高的优点。而且其测量结果能直接与多种软件接口，这使它在 CAD、CAM、CIMS 等技术应用日益普及的今天很受欢迎。在发达国家的制造业中，三维扫描仪作为一种快速的立体测量设备，因其测量速度快，精度高，非接触，使用方便等优点而得到越来越多的应用。用三维扫描仪对样品、模型进行扫描，可以得到其立体尺寸数据，这些数据能直接与 CAD/CAM 软件接口，在 CAD 系统中可以对数据进行调整、修补，再送到加工中心或快速成型设备上制造，可以极大地缩短产品制造周期。

8.4.1　三维扫描技术特点

3D 激光扫描技术又被称为实景复制技术，采用高速激光扫描测量方法，可快速获取被测对象表面的 3D 坐标数据，为快速建立物体的 3D 影像模型提供了一种全新的技术手段。三维扫描技术的主要特点如下：

（1）扫描速度快　基于三维激光扫描仪，通过激光发射及反射处理分析，可快速获取结构、建筑、基坑等大部分实体物件的精准三维坐标位置，并形成高度逼真的三维模型。而传统全站仪等测量技术手段，需通过逐点信息数据采集，在进行多点监测的过程中其处理速度远远不及基于三维扫描技术的信息采集方式。

（2）扫描精度高　基于三维扫描技术，可根据具体扫描对象及环境，通过采集精度及距离设置，实现对实体构件高精度扫描及模型获取。同时在配套的后处理软件中，可对采集点云模型进行后期去噪、填充、着色上彩等模型精修处理。

（3）扫描范围广　通过三维激光扫描仪器，可实现对实体构件360°视角扫描，另外在视角不能覆盖的区域，可通过多扫描站点设置，结合标靶纸的标记，可实现对物件的任意角度方向的扫描。在相关软件中通过坐标转换即可实现对整体物件模型的拼装。故基于三维扫描技术，其监测扫描范围较广。

（4）扫描过程自动化　基于三维激光扫描仪，通过对合适监测基点的选择，在完成扫描参数的设定后，点击扫描开始按键即可实现对物件的自动扫描，在扫描过程中，仪器会在规定时间内对其进行自动拍照处理。完成扫描后仪器自动停止工作，从而实现了高度自动化的扫描过程。

（5）扫描结果可视化　基于三维扫描技术，扫描结果及数据以高度可视化模型进行存储及展示，可直观地在相关人员对数据进行观察、分析及沟通交流过程中进行可视化展示，从而能够减少不必要的错误。

（6）非接触性　传统建筑测量中往往需要相关人员通过卷尺等测量工具对实体物件进行接触性数据采集，而基于三维扫描技术的测量，是通过激光束的发射及反射来实现对物体位置的采集，不需对物件进行实质性接触。该功能在对某些特殊保护构件的测量中能够发挥重要作用及价值。

8.4.2　BIM 技术与三维扫描技术的结合

如图 8.4-1 所示为应用三维扫描获得的点云数据图，通过该点云数据可以对各部分的位置关系进行测量，也可在该点云模型的基础上建立实物模型，或者是将该点云模型导入到其他的 BIM 系列软件中进行再建模，同时也可与已有的 BIM 模型进行对比，矫正偏差。

图 8.4-1　点云数据图

但是应用三维扫描技术得到的数据是点云数据，而不是实体的模型，因此在实际的应用中必须将 BIM 技术与三维扫描技术结合在一起，才能共同地创造出更大的效益。三维扫描的重要意义在于快速精确地实现非接触测量，将实物的立体信息转换为计算机能直接处理的数字信号，在该数据信号的基础上进行基于 BIM 技术的实物模型的建立，为实物数字化提供了相当方便快捷的手段。如在工程实施阶段，如何能够将 BIM 模型应用于现场管理和推进，就需要采用三维扫描技术作为辅助，三维扫描技术可以有效地连接 BIM 模型和工程现场，能够有效地、完整地记录下工程现场复杂的情况。

当被测目标过大或空间关系复杂时激光扫描往往不能一次扫描对象的所有边界面，所以需要从不同位置、不同视角进行多次扫描，对多次扫描获取的点云进行对齐及拼接称为多视对齐。通过标靶标记的识别及定位，可有效实现对吊装单元模型的多角度建造及拼接，从而形成完整的吊装单元点云模型。

8.4.3 三维扫描技术与 BIM 技术结合的优势

三维激光扫描技术与 BIM 技术相结合给现场管理带来最大的便利即是工程信息数据的整合管理，主要包含以下几方面功能：

（1）现场数据采集 三维激光扫描仪器是"实景复制"技术，在保证扫描精度的前提下，通过扫描方式，可以对选定的工程部位进行完整、真实的采集。

（2）三维激光扫描的数据应用 三维激光扫描生成的点云数据经过专业软件处理，即可转换为 BIM 模型数据，进而可立即与设计的 CAD 模型、BIM 模型进行精度对比，寻找施工现场与设计模型的不同点。

（3）统一的数据管理方式 经过数据采集与转换后，现场情况可以很完整地以 BIM 模型、点云模型的形式在统一集成的信息平台中整合，并根据现场工程师需要开展相关管理工作。

8.5 BIM 与虚拟现实技术

虚拟现实技术是一种可以创建和体验虚拟世界的计算机仿真技术，是仿真技术与计算机图形学、人机接口技术、多媒体技术以及传感技术、网络技术等多种技术的集合，是一门富有挑战性与交叉性的前沿学科和研究领域。它利用计算机生成的模拟环境是一种多源信息融合的交互式三维动态视景和实体行为仿真系统的结合，使用户更快速地沉浸到该环境中。在不同类型的建筑中随意漫游是每个人的梦想，而现在，虚拟现实技术的应用，即 VR 时代的到来使这个梦想变成了现实。

BIM 是利用计算机与互联网技术将建筑平面图样转成可视化的多维度数据模型。它是所有建筑信息数据的集成模型，实现数据信息的应用。BIM 不但可以完成建筑全生命周期内所有信息数据的处理、共享与传递工作，更具备三维可视化的特点，非专业人士也更容易看懂建筑、读懂建筑。BIM 模型可以达到模拟的效果，但与 VR 相比在视觉效果上还是有很大差距，VR 能弥补视觉表现真实度的短板。VR 目前的发展主要在硬件设备的研究上，缺乏丰富的内容资源使得 VR 难以表现虚拟现实的真正价值，VR 内容的模型建立比内容调整上更

需投入大量成本，新技术存在落地难的困境。而 BIM 本身就具有了模型与数据信息，为 VR 提供极好的内容与落地应用的真实场景。

8.5.1　BIM 与 VR 的融合

BIM 与 VR 的融合现在有两种方式，传统一点的方式就是 BIM—VR 这种解决方案，这样的模式虽然在表面上能够达到从 BIM 模型到 VR 模型的目的，但是忽略了工程行业的自身属性，对于工程界，VR 体验的场景往往不是一次性体验，而是在工程设计和实施的各个阶级不断地调整递进，而且对于建筑外观背后的工程数据也是我们非常看重的部分。

现在 BIM—VR 的解决方案，更多的是采用三维模型或者 BIM 模型作为原始数据，结合主流的虚拟现实引擎（如 Unity3D、UE 等）进行虚拟场景的制作。此种方案往往需要进行大量的前期模型简化处理以适应引擎需要，同时也需要专业的虚拟现实开发团队来集成虚拟现实场景，对于工程行业所需要的信息（比如 BIM 数据中的信息）往往也很难集成。如果需要对模型内容进行调整，那么将不可避免地需要再次进行大量的开发调整工作，对于需要在各个阶段递进、迭代进行模型展示的情况难以适应，无法达到一模多用的目的。

8.5.2　BIM 与 VR 的联合应用

BIM 与 VR 主要是数据模型与虚拟影像的结合，在虚拟建筑表现效果上进行更为深度的优化与应用。

1. VR 样板间看房

通过 VR 技术，购房者无需前往各售楼处实地看房，只需通过虚拟现实体验设备即可实际感知各地房源，让客户提前感受生活在其中的感觉。而对于开发商来说，VR 技术打破了传统的地产营销方式，让样板房不受局限，有更多发挥设计的空间。万科、绿地、碧桂园等开发商，已将 VR 技术运用在项目中作为售楼处的体验产品。根据高盛的研究报告，2020 年欧美市场房地产 VR 的市场规模在 8 亿美元，预计 2025 年为 26 亿美元。而背靠中国巨大的房地产市场，相信市场规模应该更大。

2. 设计方案的决策制定

VR 技术可以把二维图样上的建筑规划图变成更有空间感的模型，决策者可以任意进入虚拟建筑内，从任意视角去体验观察作品，从材料、尺寸到采光，真实体验位置场景、空间尺寸。设计师与使用者可相互探讨、优化完善设计方案，打造更为完美的产品。

3. 施工方案的选择优化

施工前提前模拟体验不同的场景及施工方法，通过讨论选出最完善的方案，此举可最大化地优化施工计划，也可以减少二次返工带来的成本增加及质量下降的问题。

4. 虚拟交底

利用 BIM 技术建立的工程模型，结合 VR 体验设备实现动态漫游，实现比 BIM 模型交底更真实的体验，让施工人员更为直观地感受施工场景，帮助施工人员理解施工方案与工艺，提升最终施工质量。

5. 工程教育质量的提升

现如今的建筑造型越来越奇特，内部结构设计也原来越复杂，在工程类学科的教育教学过程中，学员们通过 VR 虚拟体验技术来了解建筑设计、施工中对应的方法，对此类建筑的设计原理、施工工艺、受力分析、管线布局等内容能够真正理解。比起原有的"纸上谈兵"式教学模式,这种寓教于乐的方法更让人认识深刻。

8.5.3 BIM 与 VR 展望

在国外诸多建筑公司已经在研发测试 VR 技术在建筑设计模型中的应用,其中英国 IVR-NATION 公司号称搭建的 VR 模型真实度已达到90%。我国也正在加快 VR 技术在国内的落地,前不久故宫博物院与腾讯集团联手展开 VR 合作,将故宫开放的 IP 与 VR 技术相结合,推出故宫系列 VR 应用。许多建筑软件研发公司已开始 VR 展示设备、设计软件等的开发工作,为日后 VR 样板房展示、家装效果展示、设计转换 VR 平台等提供技术支持。

BIM 已在建造方式上改变了传统的施工方法,VR 的诞生给人们带来了不一样的感知交互体验,两者的结合势必会增强相互领域间的技术层次。样板房、虚拟交底等只是 VR 与 BIM 相融合的开始,未来利用 BIM 与 VR 系统平台打造虚拟城市,为城市创造更多的新空间,推动超大型城市的形成与改变,才是其发展的长远道路。在此过程中,无论是在设备硬件研究上,还是在内容填充上,BIM 与 VR 都还有很长的道路需要走。当 BIM 与 VR 真正相互融合,带给我们的将不只是简单的虚拟建筑场景,而是一场全方位感知的盛宴,是一场建筑技术的新革命!

8.6 BIM 与 3D 打印技术

当前,普遍应用于建筑领域的新技术有一个非常重要的特点就是提供了在单一环境之下可以拓展的模型,虽然是单一环境但是却非常灵活,它可以随时补充或添加更多的信息。然后再通过云收集这些信息,上传后可以通过不同的终端进行浏览,并且随时可以看到设计的模型。而 3D 打印以数字模型文件为基础,运用粉末状金属或塑料等可粘合材料,通过逐层打印的方式能够将数字化的虚拟物体快速转变为实物。3D 打印通常是采用数字技术材料打印机来实现的。常在模具制造、工业设计等领域被用于制造模型,后逐渐用于一些产品的直接制造,已经有使用这种技术打印而成的零部件。该技术在珠宝、鞋类、工业设计、建筑、工程和施工(AEC)、汽车、航空航天、牙科和医疗产业、教育、地理信息系统、土木工程、军事以及其他领域都有所应用。

8.6.1 BIM 与 3D 打印的结合

我国黄登水电站这个大型水坝项目利用 BIM 技术收集大量的建筑数据然后再将这些数据输入,建立一个3D 模型之后,就可以完成设计了,这是基于一定程序的过程,是以规则为基础的一个过程。但是要想把 BIM 所生成的数据和顾客原有资产的数据系统结合在一起,便需要使用 InfraWorks 了,它会把数据进行整合,在项目最终结束的时候,也可以利用 InfraWorks 进行数据的维护和管理,也有一些客户会把 InfraWorks 处理过的数据和他们的资产信息结合在一起,所以对于这种类似的情况,现在可以创造出进入式的 3D 数据。对于这些建模之后的数据不仅可以拿到实地去指导建筑工程,而且还可以将这些数据在未来城市的规划和建筑的规划中可以更好地处理和发展。所以不再只是利用 BIM 处理数据而是可以使用

BIM 这种技术实现建筑的设计到施工的无缝转移，可以看出 BIM 技术在生活中是十分实用的，所以必须大力加强 BIM 技术在建筑中的使用。

对于超高层建筑智能深化有三个特点：超高层的技术特点，深入施工设计的工艺仿真模拟，结合前沿技术。当 BIM 近年来在设计领域引领风骚之时，施工行业的建筑数字技术的应用也没有丝毫的落后，并且在建筑行业里拥有着越来越多的案例。与此同时，更高层次的 BIM 实践应用也的确大大提高了建筑企业的生产效率、管理能力，同时也提升了工程建设的集成化程度。随着 BIM 在超高层建筑上应用的不断深入，BIM 在超高层运维阶段的问题逐渐显现 BIM 的突破只能是在运维管理方面的突破，但是以现在的技术想要在运维阶段有所突破基本还是很难实现的，采用了 Autodesk Revit Architectrue 软件建立模型再利用 Autodesk Navisworks Manage 进行三维渲染，动态漫游及施工工序的演示。这种技术和 BIM 模型分析 CFD 的演算相似度达到 70%，这也就基本能解决一些施工工艺方面的模拟和能源消耗方面的问题了。从 BIM 技术的拓展功能来看，要不断从各个方面去发现新的技术，来提高建筑在施工环节中的品质和质量，但是更为重要的是在完善 BIM 技术自身外，也需要与前沿技术相结合，不断去推广和开拓更多的使用功能，使得建筑更加美观和实用。从 BIM 对超高层建筑的智能深化可以看出谁先掌握了这样技术谁就可以脱颖而出。所以 3D 打印技术的发展对建筑行业技术是十分重要的。

8.6.2 BIM 与 3D 打印结合的优势

3D 打印高层建筑是全球首创，国外类似的技术还处在实验室阶段。研究报告表示，3D 打印建筑的材料强度要高于混凝土，越是复杂豪华的房子，综合成本越低，而且品质更好。3D 打印建筑的核心优势是综合成本低、速度快、节能环保、便于制造异形部件。

建筑 3D 打印不仅在技术方面有创新，而且确实与传统建筑方式相比成本低得多。若是异形或者别墅类项目其综合成本要低于传统建筑方式 50% 以上，而对于普通的房子来说，成本也将节省 30% 左右，而且越是个性化的产品，打印成本就越低。

3D 打印技术对于生产者来说，可大幅降低生产成本，提高原材料和能源的使用效率，减少对环境的影响，它还使消费者能根据自己的需求量身定制产品。3D 打印机既不需要用纸，也不需要用墨，而是通过电子制图、远程数据传输、激光扫描、材料熔化等一系列技术，使特定金属粉或者记忆材料熔化，并按照电子模型图的指示一层层重新叠加起来，最终把电子模型图变成实物。其优点是大大节省工业样品制作时间，且可以"打印"造型复杂的产品。因此这种技术代表制造业发展新趋势。将这种技术应用于建筑中会对建筑制造时间缩短，效率会大大提高，加强经济和管理的水平。

此外，3D 打印房子可以突破传统建筑方式受气候和时间限制的瓶颈。在冬季，北方受气候影响无法施工，但 3D 打印一年四季都可以施工，另外还可以缩短工期。据了解，以为汤臣一品打印的独栋别墅为例，从打印开始施工到组装完成，仅需一个月左右时间。

8.6.3 基础设施行业的 BIM 与 3D 打印

基础设施要比单纯的建筑项目更为复杂，毕竟，基础设施项目并不是白纸一张从头开始，它面临着现有环境的制约，这也就是为什么需要用真实环境来建模。同时因为建筑行业还涉及了不同的学科，需要多方的协调，另外大型建筑项目也会影响大众，还需要考虑对于人们生活是否有着很大的影响，所以建筑这一行业更应当使用 BIM 新技术和 3D 打印技术。武汉东湖汉街万达广场，是万达集团迄今为止建成的最高端的购物中心，由国际知名荷兰 UN Studio 设计公司设计，在项目设计中打破了以往万达广场的设计标准，甚至突破了国家规范，力求每一个细节都做到完美。首先利用 BIM 处理大量的数据建立了 3D 模型，其次利用 3D 打印技术将玻璃打印出来，最为关键的是此次施工中运用了世界唯一的全彩数码 3D 打印技术，釉彩纹玻璃运用了全彩数码打印，其中所做的双面打印是国内还没有出现的。针对建筑行业领域的新技术平台 Autodesk Infra Works 之所以很重要，就在于它可以在 3D 的环境之下对于不同的方案进行比较评估，而且这个模型是基于真实环境的模型。从时间上来讲，也可以看到不同的设计方案，不同的选择，可以提前进行比较，从而保证在整个生命周期当中实现贯穿始终的效果。所以不仅需要发展 BIM 技术同时也需要发展 3D 打印技术，这样我国的建筑行业才会有所突破。

建筑领域的新技术对未来的影响是极其重要的。现在是信息时代，信息时代的主要特征必将渗透到未来建筑的各个方面，包括 BIM 方面，工程进度管理方面，建筑数据的收集等。所以需要在建筑行业发展 BIM 技术和 3D 打印技术，但是在实行新技术的同时必须实行可持续发展和人性化，建筑节能不仅要落实到具体建筑施工中，而且要贯彻到最后建筑物的使用过程中。

8.7 BIM 与其他新技术的结合

1. BIM 技术与绿色建筑

绿色建筑是指在建筑的全生命周期内，最大限度节约资源，节能、节地、节水、节材、保护环境和减少污染，提供健康适用、高效使用，与自然和谐共生的建筑。

BIM 的最重要意义在于它重新整合了建筑设计的流程，其所涉及的建筑生命周期管理（BLM），又恰好是绿色建筑设计的关注和影响对象。真实的 BIM 数据和丰富的构件信息给各种绿色分析软件以强大的数据支持，确保了结果的准确性；BIM 的某些特性（如参数化、构件库等）使建筑设计及后续流程针对上述分析的结果，有非常及时和高效的反馈；绿色建筑设计是一个跨学科、跨阶段的综合性设计过程，而 BIM 模型刚好顺应需求，实现了单一数据平台上各个工种的协调设计和数据集中；BIM 的实施，能将建筑各项物理信息分析从设计后期显著提前，有助于建筑师在方案、甚至概念设计阶段进行绿色建筑相关的决策。

另外，BIM 技术提供了可视化的模型和精确的数字信息统计，将整个建筑的建造模型摆在人们面前，立体的三维感增加人们的视觉冲击和图像印象。而绿色建筑则是根据现代的环保理念提出的，主要是运用高科技设备利用自然资源，实现人与自然的和谐共处。基于 BIM 技术的绿色建筑设计应用主要通过数字化的建筑模型、全方位的协调处理、环保理念的渗透三个方面来进行，实现绿色建筑的环保和节约资源的原始目标，对于整个绿色建筑的设计有很大的辅助作用。

总之，结合 BIM 进行绿色设计已经是一个受到广泛关注和认可的系统性方案，也让绿色建筑事业进入一个崭新的时代。

2. BIM 技术与信息化

信息化是指培养、发展以计算机为主的智能化工具为代表的新生产力，并使之造福于社会的历史过程。智能化生产工具与过去生产力中的生产工具不一样的是，它不是一件孤立分散的东西，而是一个具有庞大规模的、自上而下的、有组织的信息网络体系。这种网络性生产工具正改变人们的生产方式、工作方式、学习方式、交往方式、生活方式、思维方式等，使人类社会发生极其深刻的变化。

随着我国国民经济信息化进程的加快，建筑业信息化早些年已经被提上了议事日程。住建部明确指出："建筑业信息化是指运用信息技术，特别是计算机技术和信息安全技术等，改造和提升建筑业技术手段和生产组织方式，提高建筑企业经营管理水平和核心竞争力。提高建筑业主管部门的管理、决策和服务水平。"建筑业的信息化是国民经济信息化的基础之一，而管理的信息化又是实现全行业信息化的重中之重。因此，利用信息化改造建筑工程管理，是建筑业健康发展的必由之路。但是，我国建筑工程管理信息化无论从思想认识上，还是在专业推广中都还不成熟，仅有部分企业不同程度地、孤立地使用信息技术的某一部分，且仍没有实现信息的共享、交流与互动。

利用 BIM 技术对建筑工程进行管理，由业主方搭建 BIM 平台，组织业主、监理、设计、施工多方，进行工程建造的集成管理和全生命周期管理。BIM 系统是一种全新的信息化管理系统，目前正越来越多地应用于建筑行业中。它要求参建各方在设计、施工、项目管理、项目运营等各个过程中将所有信息整合在统一的数据库中，通过数字信息仿真模拟建筑物所具有的真实信息，为建筑的全生命周期管理提供平台。在整个系统的运行过程中，要求业主方、设计方、监理方、总包方、分包方、供应方多渠道和多方位的协调，并通过网上文件管理协同平台进行日常维护和管理。BIM 是新兴的建筑信息化技术，同时也是未来建筑技术发展的大势所趋。

3. BIM 技术与 EPC

EPC 工程总承包（Engineering Procurement Construction）是指工程总承包企业按照合同约定，承担工程项目的设计、采购、施工、试运行服务等工作，并对承包工程的质量、安全、工期、造价全面负责，它是以实现"项目功能"为最终目标，是我国目前推行总承包模式最主要的一种。较传统设计和施工分离承包模式，业主方能够摆脱工程建设过程中的杂乱事务，避免人员与资金的浪费；总承包商能够有效减少工程变更、争议、纠纷和索赔的耗费，使资金、技术、管理各个环节衔接更加紧密；同时，更有利于提高分包商的专业化程度，从而体现 EPC 工程总承包方式的经济效益和社会效益。因此，EPC 总承包越来越被发包人、投资者所欢迎，也被政府有关部门所看重并大力推行。

近年来，随着国际工程承包市场的发展，EPC 总承包模式得到越来越广泛的应用。对技术含量高、各部分联系密切的项目，业主往往更希望由一家承包商完成项目的设计、采购、施工和试运行。大型工程项目多采用 EPC 总承包模式，给业主和承包商带来了可观的便利和效益，同时也给项目管理程序和手段，尤其是项目信息的集成化管理提出了新的更高的要求，因为工程项目建设的成功与否在很大程度上取决于项目实施过程中参与各方之间信息交流的透明性和时效性是否能得到满足。工程管理领域的许多问题，如成本的增加、工期的延误等都与项目组织中的信息交流问题有关。传统工程管理组织中信息内容的缺失、扭曲以及传递过程的延误和信息获得成本过高等问题严重阻碍了项目参与各方的信息交流和沟通，也给基于 BIM 的工程项目管理预留了广阔的空间。把 EPC 项目生命周期所产生的大量图样、报表数据融入以时间、费用为纬度进展的 4D、5D 模型中，利用虚拟现实技术辅助工程设计、采购、施工、试运行等诸多环节，整合业主、EPC 总承包商、分包商、供应商等各方的信息，增强项目信息的共享和互动，不仅是必要的而且是可能的。

与发达国家相比，中国建筑业的信息化水平还有较大的差距。根据中国建筑业信息化存在的问题，结合今后的发展目标及重点，住房和城乡建设部印发的《2011—2015 年建筑业信息化发展纲要》明确提出，中国建筑业信息化的总体目标为："'十二五'期间，基本实现建筑企业信息系统的普及应用，加快建筑信息模型、基于网络的协同工作等新技术在工程中的应用，推动信息化标准建设，促进具有自主知识产权软件的产业化，形成一批信息技术应用达到国际先进水平的建筑企业。"同时提出，在专项信息技术应用上，"加快推广 BIM、协同设计、移动通信、无线射频、虚拟现实、4D 项目管理等技术在勘察设计、施工和工程项目管理中的应用，改进传统的生产与管理模式，提升企业的生产效率和管理水平。"

4. BIM 技术与云计算

云计算是一种基于互联网的计算方式，以这种方式共享的软硬件和信息资源可以按需提供给计算机和其他终端使用。

BIM 与云计算集成应用，是利用云计算的优势将 BIM 应用转化为 BIM 云服务，基于云计算强大的计算能力，可将 BIM 应用中计算量大且复杂的工作转移到云端，以提升计算效率；基于云计算的大规模数据存储能力，可将 BIM 模型及其相关的业务数据同步到云端，方便用户随时随地访问并与协作者共享；云计算使得 BIM 技术走出办公室，用户在施工现场可通过移动设备随时连接云服务，及时获取所需的 BIM 数据和服务等。

根据云的形态和规模，BIM 与云计算集成应用将经历初级、中级和高级发展阶段。初级阶段以项目协同平台为标志，主要厂商的 BIM 应用通过接入项目协同平台，初步形成文档协作级别的 BIM 应用；中级阶段以模型信息平台为标志，合作厂商基于共同的模型信息平台开发 BIM 应用，并组合形成构件协作级别的 BIM 应用；高级阶段以开放平台为标志，用户可根据差异化需要从 BIM 云平台上获取所需的 BIM 应用，并形成自定义的 BIM 应用。

5. BIM 技术与物联网

物联网是通过射频识别、红外感应器、全球定位系统、激光扫描器等信息传感设备，按约定的协议将物品与互联网相连进行信息交换和通信，以实现智能化识别、定位、跟踪、监控和管理的一种网络。

BIM 与物联网集成应用，实质上是建筑全过程信息的集成与融合。BIM 技术发挥上层信息集成、交互、展示和管理的作用，而物联网技术则承担底层信息感知、采集、传递、监控的功能。二者集成应用可以实现建筑全过程"信息流闭环"，实现虚拟信息化管理与实体环境硬件之间的有机融合。目前 BIM 在设计阶段应用较多，并开始向建造和运维阶段应用延伸。物联网应用目前主要集中在建造和运维阶段，二者集成应用将会产生极大的价值。

在工程建设阶段，二者集成应用可提高施工现场安全管理能力，确定合理的施工进度，支持有效的成本控制，提高质量管理水平。如，临边洞口防护不到位、部分作业人员高处作业不系安全带等安全隐患在施工现场无处不在，基于 BIM 的物联网应用可实时发现这些隐患并报警提示。高处作业人员的安全帽、安全带、身份识别牌上安装的无线射频识别，可在 BIM 系统中实现精确定位，如果作业行为不符合相关规定，身份识别牌与 BIM 系统中相关定位会同时报警，管理人员可精准定位隐患位置，并采取有效措施避免安全事故发生。在建筑运维阶段，二者集成应用可提高设备的日常维护维修工作效率，提升重要资产的监控水平，增强安全防护能力，并支持智能家居。

BIM 与物联网集成应用目前处于起步阶段，尚缺乏数据交换、存储、交付、分类和编码、应用等系统化、可实施操作的集成和实施标准，且面临着法律法规、建筑业现行商业模式、BIM 应用软件等诸多问题，但这些问题将会随着技术的发展及管理水平的不断提高得到解决。BIM 与物联网的深度融合与应用，势必将智能建造提升到智慧建造的新高度，开创智慧建筑新时代，是未来建设行业信息化发展的重要方向之一。未来建筑智能化系统，将会出现以物联网为核心，以功能分类、相互通信兼容为主要特点的建筑"智慧化"的控制系统。

6. BIM 技术与数字加工

数字化是将不同类型的信息转变为可以度量的数字，将这些数字保存在适当的模型中，再将模型引入计算机进行处理的过程。数字化加工则是在应用已经建立的数字模型基础上，利用生产设备完成对产品的加工。

BIM 与数字化加工集成，意味着将 BIM 模型中的数据转换成数字化加工所需的数字模型，制造设备可根据该模型进行数字化加工。目前，主要应用在预制混凝土板生产、管线预制加工和钢结构加工三个方面。一方面，工厂精密机械自动完成建筑物构件的预制加工，不仅制造出的构件误差小，生产效率也可大幅提高；另一方面，建筑中的门窗、整体卫浴、预制混凝土结构和钢结构等许多构件，均可异地加工，再被运到施工现场进行装配，既可缩短建造工期，也容易掌控质量。

例如，深圳平安金融中心为超高层项目，有十几万 m^2 风管加工制作安装量，如果采用传统的现场加工制作安装，不仅大量占用现场场地，而且受垂直运输影响，效率低下。为此，该项目探索基于 BIM 的风管工厂化预制加工技术，将制作工序移至场外，由专门加工流水线高效切割完成风管制作，再运至现场指定楼层完成组合拼装。在此过程中依靠 BIM 技术进行预制分段和现场施工误差测控，大大提高了施工效率和工程质量。

未来，将以建筑产品三维模型为基础，进一步加入资料、构件制造、构件物流、构件装置以及工期、成本等信息，以可视化的方法完成 BIM 与数字化加工的融合。同时，更加广泛地发展和应用 BIM 技术与数字化技术的集成，进一步拓展信息网络技术、智能卡技术、家庭智能化技术、无线局域网技术、数据卫星通信技术、双向电视传输技术等与 BIM 技术的融合。

7. BIM 技术与智能全站仪

施工测量是工程测量的重要内容，包括施工控制网的建立、建筑物的放样、施工期间的变形观测和竣工测量等内容。近年来，外观造型复杂的超大、超高建筑日益增多，测量放样主要使用全站型电子速测仪（简称全站仪）。随着新技术的应用，全站仪逐步向自动化、智能化方向发展。智能型全站仪由电动机驱动，在相关应用程序控制下，在无人干预的情况下可自动完成多个目标的识别、照准与测量，且在无反射棱镜的情况下可对一般目标直接测距。

BIM与智能型全站仪集成应用，是通过对软件、硬件进行整合，将BIM模型带入施工现场，利用模型中的三维空间坐标数据驱动智能型全站仪进行测量。二者集成应用，将现场测绘所得的实际建造结构信息与模型中的数据进行对比，核对现场施工环境与BIM模型之间的偏差，为机电、精装、幕墙等专业的深化设计提供依据。同时，基于智能型全站仪高效精确的放样定位功能，结合施工现场轴线网、控制点及标高控制线，可高效快速地将设计成果在施工现场进行标定，实现精确的施工放样，并为施工人员提供更加准确直观的施工指导。此外，基于智能型全站仪精确的现场数据采集功能，在施工完成后对现场实物进行实测实量，通过对实测数据与设计数据进行对比，检查施工质量是否符合要求。

与传统放样方法相比，BIM与智能型全站仪集成放样，精度可控制在3mm以内，而一般建筑施工要求的精度在1~2cm，远超传统施工精度。传统放样最少要两人操作，BIM与智能型全站仪集成放样，一人一天可完成几百个点的精确定位，效率是传统方法的6~7倍。

目前，国外已有很多企业在施工中将BIM与智能型全站仪集成应用进行测量放样，而我国尚处于探索阶段，只有深圳市城市轨道交通9号线、深圳平安金融中心和北京望京SO-HO等少数项目应用。未来，二者集成应用将与云技术进一步结合，使移动终端与云端的数据实现双向同步；还将与项目质量管控进一步融合，使质量控制和模型修正无缝融入原有工作流程，进一步提升BIM应用价值。

8. BIM技术与构件库

当前，设计行业正在进行着第二次技术变革，基于BIM理念的三维化设计已经被越来越多的设计院、施工企业和业主所接受，BIM技术是解决建筑行业全生命周期管理，提高设计效率和设计质量的有效手段。住房和城乡建设部在《2011—2015年建筑业信息化发展纲要》中明确提出在"十二五"期间将大力推广BIM技术等在建筑工程中的应用，国内外的BIM实践也证明，BIM能够有效解决行业上下游之间的数据共享与协作问题。目前国内流行的建筑行业BIM类软件均是以搭积木方式实现建模，是以构件（比如Revit称之为"族"、PDMS称之为"元件"）为基础。含有BIM信息的构件不但可以为工业化制造、计算选型、快速建模、算量计价等提供支撑，也为后期运营维护提供必不可少的信息数据。信息化是工程建设行业发展的必然趋势，设备数据库如果能有效地和BIM设计软件、物联网等融合，无论是对工程建设行业运作效率的提高，还是对设备厂商的设备推广，都会起到很大的促进作用。

BIM设计时代已经到来，工程建设工业化是大势所趋，构件是建立BIM模型和实现工业化建造的基础，BIM设计效率的提高取决于BIM构件库的完备水平，对这一重要知识资产的规范化管理和使用，是提高设计院设计效率，保障交付成果的规范性与完整性的重要方法。因此，高效的构件库管理系统是企业BIM化设计的必备利器。

9. BIM技术与装配式

装配式建筑是用预制的构件在工地装配而成的建筑，是我国建筑结构发展的重要方向之一，它有利于我国建筑工业化的发展，提高生产效率，节约能源，发展绿色环保建筑，并且有利于提高和保证建筑工程质量。与现浇施工工法相比，装配式RC结构有利于绿色施工，因为装配式施工更能符合绿色施工的节地、节能、节材、节水和环境保护等要求，降低对环境的负面影响，包括降低噪声、防止扬尘、减少环境污染、清洁运输、减少场地干扰、节约水、电、材料等资源和能源，遵循可持续发展的原则。而且，装配式结构可以连续地按顺序完成工程的多个或全部工序，从而减少进场的工程机械种类和数量，消除工序衔接的停闲时间，实现立体交叉作业，减少施工人员，从而提高工效、降低物料消耗、减少环境污染，为绿色施工提供保障。另外，装配式结构在较大程度上减少建筑垃圾（占城市垃圾总量的30%～40%），如废钢筋、废钢丝、废竹木材、废弃混凝土等。

2013 年 1 月 1 日，国务院办公厅转发《绿色建筑行动方案》，明确提出将"推动建筑工业化"列为十大重要任务之一，同年 11 月 7 日，全国政协双周协商座谈会上建言"建筑产业化"，这标志着推动建筑产业化发展已成为最高级别国家共识，也是国家首次将建筑产业化落实到政策扶持的有效举措。随着政府对建筑产业化的不断推进，建筑信息化水平低已经成为建筑产业化发展的制约因素，如何应用 BIM 技术提高建筑产业信息化水平，推进建筑产业化向更高阶段发展，已经成为当前一个新的研究热点。

利用 BIM 技术能有效提高装配式建筑的生产效率和工程质量，将生产过程中的上下游企业联系起来，真正实现以信息化促进产业化。借助 BIM 技术三维模型的参数化设计，使得图样生成修改的效率有了很大幅度的提高，克服了传统拆分设计中的图样量大，修改困难的难题；钢筋的参数化设计提高了钢筋设计精确性，加大了可施工性。加上时间进度的 4D 模拟，进行虚拟化施工，提高了现场施工管理的水平，降低了施工工期，减少了图样变更和施工现场的返工，节约投资。因此，BIM 技术的使用能够为预制装配式建筑的生产提供有效帮助，使得装配式工程精细化这一特点更容易实现，进而推动现代建筑产业化的发展，促进建筑业发展模式的转型。

课 后 习 题

1. 以下不属于 BIM 与 GIS 在建筑施工管理可视化的具体应用的是（　　）。
   A. 信息流动分析　　　　　　　　B. 智慧城市建造分析
   C. 建筑构件属性分析　　　　　　D. 建设成本的监控分析

2. 下列不属于 BIM 技术与 VR 技术结合应用的是（　　）。
   A. VR 样板间看房　　　　　　　B. 施工方案的选择优化
   C. 安全评估　　　　　　　　　　D. 虚拟交底

3. BIM 技术在 IPD 模式中应用的发展方向有（　　）。
   A. 扩展 BIM 技术的统一数据标准
   B. 提高建筑信息模型的运行与维护性能
   C. 发展适应网络化应用的 BIM 技术
   D. 实现了信息共享，零风险

4. BIM 技术在建筑工业化的过程中，起着不可或缺的作用，下列体现了 BIM 与建筑工业化相结合的是（　　）。
   A. 基于 BIM 的数字化加工
   B. 基于 BIM 的预拼装
   C. 基于 BIM 的智慧工地
   D. 建立新型结构体系，减少施工现场作业

5. 通过 BIM 技术与三维扫描技术结合，可以实现的功能有（　　）。

A. 通过三维扫描获得的点云数据可以对各部分位置关系进行测量
B. 可以在点云模型的基础上建立实物模型
C. 可以将点云模型导入到其他的 BIM 系列软件中进行再建模
D. 可与已有的 BIM 模型进行对比，矫正偏差

参 考 答 案

1. B   2. C   3. ABC   4. ABCD   5. ABCD

参 考 文 献

[1] 赵雪锋，刘占省. BIM 导论 [M]. 武汉：武汉大学出版社，2017.

[2] 刘占省，赵雪锋. BIM 技术与施工项目管理 [M]. 北京：中国电力出版社，2015.

[3] 赵雪锋，李炎锋，王慧琛. 建筑工程专业 BIM 技术人才培养模式研究 [J]. 中国电力教育，2014 (2)：53-54.

[4] 何关培. 建立企业级 BIM 生产力需要哪些 BIM 专业应用人才 [J]. 土木建筑工程信息技术，2012 (1)：57-60.

[5] 何清华，钱丽丽，段运峰，等. BIM 在国内外应用的现状及障碍研究 [J]. 工程管理学报，2012，26 (1)：12-16.

[6] 刘占省，赵明，徐瑞龙. BIM 技术在我国的研发及工程应用 [J]. 建筑技术，2013，44 (10)：893-897.

[7] 张春霞. BIM 技术在我国建筑行业的应用现状及发展障碍研究 [J]. 建筑经济，2011 (9)：96-98.

[8] 贺灵童. BIM 在全球的应用现状 [J]. 工程质量，2013，31 (3)：12-19.

[9] PC Suermann，RRA lssa. National Building Information Modeling Standard [S]. National Institute of Building Sciences，2007.

[10] 何关培，李刚. 那个叫 BIM 的东西究竟是什么 [M]. 北京：中国建筑工业出版社，2011.

[11] 陈花军. BIM 在我国建筑行业的应用现状及发展对策研究 [J]. 黑龙江科技信息，2013 (23)：278-279.

[12] 祝连波，田云峰. 我国建筑业 BIM 研究文献综述 [J]. 建筑设计管理，2014 (2)：33-37.

[13] 庞红，向往. BIM 在中国建筑设计的发展现状 [J]. 建筑与文化，2015 (1)：158-159.

[14] 柳建华. BIM 在国内应用的现状和未来发展趋势 [J]. 安徽建筑，2014 (6)：15-16.

[15] 龚彦兮. 浅析 BIM 在我的应用现状及发展阻碍 [J]. 中国市场，2013 (46)：104-105.

[16] 赵源煜. 中国建筑业 BIM 发展的阻碍因素及对策方案研究 [D]. 北京：清华大学，2012.

[17] 刘占省，赵明，徐瑞龙，等. 推广 BIM 技术应解决的问题及建议 [N]. 建筑时报，2013-11-28 (4).

[18] 杨德磊. 国外 BIM 应用现状综述 [J]. 土木建筑工程信息技术，2013，5 (6)：89-94，100.

[19] 何关培. BIM 总论 [M]. 北京：中国建筑工业出版社，2011.

[20] 孔嵩. 建筑信息模型 BIM 研究 [J]. 建筑电气，2013 (4)：27-31.

[21] 甘明，姜鹏，刘占省，等. BIM 技术在 500m 口径射电望远镜（FAST）项目中的应用 [J]. 铁路技术创新，2015 (3)：94-98.

[22] 刘占省，赵明，徐瑞龙. BIM 技术建筑设计、项目施工及管理中的应用 [J]. 建筑技术开发，2013，40 (3)：65-71.

[23] 刘占省，李占仓，徐瑞龙. BIM 技术在大型公用建筑结构施工及管理中的应用 [J]. 施工技术，2012，41（增刊）：177-181.

[24] 刘占省，王泽强，张桐睿，等. BIM 技术全寿命周期一体化应用研究 [J]. 施工技术，2013，42 (18)：91-95.

[25] 徐迪，基于 Revit 的建筑结构辅助建模系统开发 [J]. 土木建筑工程信息技术，2012，4 (3)：71-77.

[26] 刘占省，武晓凤，张桐睿，等. 徐州体育场预应力钢结构 BIM 族库开发及模型建立 [C] //2013 年

全国钢结构技术学术交流会论文集．北京：钢结构杂志社，2013．

[27] 张建平，韩冰，李久林，等．建筑施工现场的 4D 可视化管理 [J]．施工技术，2006，35（10）：36-38．

[28] 陈彦，戴红军，刘晶，等．建筑信息模型（BIM）在工程项目管理信息系统中的框架研究 [J]．施工技术，2008，37（2）：5-8．

[29] 曾旭东，谭洁．基于参数化智能技术的建筑信息模型 [J]．重庆大学学报，2006，29（6）：107-110．

[30] A Zarzycki. Exploring Parametric BIM as a Conceptual Tool for Design and Building Technology Teaching [Z]．Spring Simulation Multiconf erence，2010：1-4．

[31] 邵韦平．数字化背景下建筑设计发展的新机遇—关于参数化设计和 BIM 技术的思考与实践 [J]．建筑设计管理，2011，3（28）：25-28．

[32] 马锦姝，刘占省，侯钢领，等．基于 BIM 技术的单层平面索网点支式玻璃幕墙参数化设计 [C]//张可文．第五届全国钢结构工程技术交流会论文集．北京：施工技术杂志社，2014：153-156．

[33] 崔晓强，胡玉银，吴欣之，等．广州新电视塔结构施工控制技术 [J]．施工技术，2009，38（4）：25-28．

[34] 张婷婷．灵江大桥风险评估体系、方法及应用研究 [D]．杭州：浙江大学，2010．

[35] 陈科宇，刘占省，张桐睿，等．Navisworks 在徐州体育场施工动态模拟中的应用 [C]//天津大学．第十三届全国现代结构工程学术研讨会论文集．上海：建筑钢结构进展杂志社，2013．

[36] 曾志斌，张玉玲．国家体育场大跨度钢结构在卸载过程中的应力监测 [J]．土木工程学报，2008，41（3）：1-6．

[37] 胡振中，张建平．基于子信息模型的 4D 施工安全分析及案例研究 [C]//石永久，冯鹏．第六届全国土木工程研究生学术论坛论文集．北京：清华大学出版社，2008：277-281．

[38] 刘占省，马锦姝，陈默．BIM 技术在北京市政务服务中心工程中的研究与应用 [J]．城市住宅，2014（6）：36-39．

[39] 胡玉银．第十讲超高层建筑结构施工控制（二）[J]．建筑施工，2011，33（6）：509-511．

[40] 何波．BIM 软件与 BIM 应用环境和方法研究 [J]．土木建筑工程信息技术，2013（5）：1-10．

[41] 王珺．BIM 理念及 BIM 软件在建设项目中的应用研究 [D]．成都：西南交通大学，2011．

[42] 杨远丰，莫颖媚．多种 BIM 软件在建筑设计中的综合应用 [J]．南方建筑，2014（4）：26-33．

[43] 吕健．目前国内主流 BIM 软件盘点 [N]．建筑时报，2014-12-15（7）．

[44] 杨佳．运用 BIM 软件完成绿色建筑设计 [J]．工程质量，2013（2）：55-58．

[45] 吴伟华．谈 BIM 软件在项目全寿命周期中的应用及展望 [J]．科技创新与应用，2013（16）：39．

[46] 朱辉．画法几何及工程制图 [M]．上海：上海科学技术出版社，2012．

[47] 刘占省．BIM 在大型公建项目的实施目标及技术路线的制定 [EB/OL]．http：//blog. zhulong. com/u9463957/blogdetail4670708. html，2014-04-29．

[48] 刘占省．PW 推动项目全生命周期管理 [J]．中国建设信息化，2015（17）：66-69．

[49] 赵雪锋，姚爱军，刘东明，等．BIM 技术在中国尊基础工程中的应用 [J]．施工技术，2015（6）：49-53．

[50] 崔晓强，郭彦林，叶可明．大跨度钢结构施工过程的结构分析方法研究 [J]．工程力学，2006，23（5）：83-88．

[51] 董海．大跨度预应力混凝土结构应力状态监测与安全评估 [D]．大连：大连理工大学，2013．

[52] 秦杰，王泽强，张然．2008 奥运会羽毛球馆预应力施工监测研究 [J]．建筑结构学报，2007，28（6）：83-91．

[53] 刘占省．由 500m 口径射电望远镜（FAST）项目看建筑企业 BIM 应用 [J]．建筑技术开发，2015

（4）：16-19.

[54] 李占仓，刘占省．基于 SOCKET 技术的远程实时监测系统研究 ［C］//天津大学．第十三届全国现代结构工程学术研讨会论文集．上海：建筑钢结构进展杂志社，2013：794-799.

[55] 韩建强，李振宝，宋佳，等．预应力装配式框架结构抗震性能试验研究和有限元分析 ［J］．建筑结构学报，2010，31（增刊1）：311-314.

[56] R Eadie，M Browne，H Odeyinka，etal. BIM implementation throughout the UK construction project lifecycle：An analysis ［J］. Automation in Construction，2013，36（1）：145-151.

[57] K Hyunjoo，K Anderson. Energy Modeling System Using Building Information Modeling Open Standards ［J］. Journal of Computing in Civil Engineering，2013，27（3）：203-211.

[58] 李久林，张建平，马智亮，等．国家体育场（鸟巢）总承包施工信息化管理 ［J］．建筑技术，2013，44（10）：874-876.

[59] 刘占省，马锦姝，徐瑞龙，等．基于 BIM 的预制装配式住宅信息管理平台研发与应用 ［J］．建筑结构学报，2014，35（增刊2）：65-72.

[60] 李忠献，张雪松，丁阳．装配整体式型钢混凝土框架节点抗震性能研究 ［J］．建筑结构学报，2005，26（4）：32-38.

[61] 周文波，蒋剑，熊成．BIM 技术在预制装配式住宅中的应用研究 ［J］．施工技术，2012，41（22）：72-74.

[62] 夏海兵，熊城．Tekla BIM 技术在上海城建 PC 建筑深化设计中的应用 ［J］．土木建筑工程信息技术，2012，4（4）：96-103.

[63] 胡振中，陈祥祥，王亮，等．基于 BIM 的机电设备智能管理系统 ［J］．土木建筑工程信息技术，2013，5（1）：17-21.

[64] C Eastman，P Teicholz，R Sacks. BIM Handbook ［M］. Hoboken：John Wiley & Sons，Inc，2008.

[65] Finitho E Jernigan. BIG BIM little bim ［M］. 4Site Press，2008.

[66] Eddy Krygiel. Green BIM ［M］. Sybex，2008.

[67] Ray Crotty. The Impact of Building Information Modeling ［M］. Routledge，2012.

[68] 顾东园．浅谈如何加强建筑工程施工管理 ［J］．江西建材，2014（13）：294，296.

[69] 刘祥禹，关力罡．建筑施工管理创新及绿色施工管理探索 ［J］．黑龙江科技信息，2012（5）：158.

[70] 余春华．关于建筑工程施工管理创新的探究 ［J］．中国管理信息化，2011（11）：67-68.

[71] 王光业．建筑施工管理存在的问题及对策研究 ［J］．现代物业，2011，10（6）：92-93.

[72] 张西平．建筑工程施工管理存在的问题及对策 ［J］．江苏建筑职业技术学院学报，2012，12（4）：1-3.

[73] 孙佩刚．基于绿色施工管理理念下如何创新建筑施工管理 ［J］．中国新技术新产品，2013（2）：178.

[74] 王慧琛，李炎锋，赵雪锋，等．BIM 技术在地下建筑建造中的应用研究——以地铁车站为例 ［J］．中国科技信息，2013（15）：72-73.

[75] 张建平，梁雄，刘强，等．基于 BIM 的工程项目管理系统及其应用 ［J］．土木建筑工程信息技术，2012（4）：1-6.

[76] 林佳瑞，张建平，何田丰，等．基于 BIM 的住宅项目策划系统研究与开发 ［J］．土木建筑工程信息技术，2013，5（1）：22-26.

[77] 张建平，刘强，余芳强，等．面向建筑施工的 BIM 建模系统研究与开发 ［C］//王伟．第十五届全国工程设计计算机应用学术会议论文集．哈尔滨：哈尔滨工业大学出版社，2010：324-329.

[78] 张建平，胡振中．基于 4D 技术的施工期建筑结构安全分析研究 ［C］//天津大学．第十七届全国结构工程学术会议论文集．北京：工程力学杂志社，2008：206-215.

[79] 林佳瑞，张建平，等．基于4D-BIM与过程模拟的施工进度—资源均衡［C］//金新阳．第十七届全国工程建设计算机应用大会论文集．北京：人民交通出版社，2014．

[80] 张建平，郭杰，吴大鹏，等．基于网络的建筑工程4D施工管理系统［C］//中国土木工程学会．第十三届全国工程建设计算机应用学术论文集．北京：中国土木建筑学会，2006：495-500．

[81] 程朴，张建平，江见鲸，等．施工现场管理中的人工智能技术应用研究［C］//西南交通大学．全国交通土建及结构工程计算机应用学术研讨会论文集．北京：中国土木工程学会，2001：76-80．

[82] 刘占省，李斌，马东全，等．BIM技术在钢网架结构施工过程中的应用［C］//．天津大学．第十五届全国现代结构工程学术研讨会论文集．上海：建筑钢结构进展杂志社，2015：1457-1462．

[83] 张建平，范喆，王阳利，等．基于4D-BIM的施工资源动态管理与成本实时监控［J］．施工技术，2011，40（4）：37-40．

[84] 王勇，张建平．基于建筑信息模型的建筑结构施工图设计［J］．华南理工大学学报（自然科学版），2013，41（3）：76-82．

[85] 卢岚，杨静，秦嵩，等．建筑施工现场安全综合评价研究［J］．土木工程学报，2003，36（9）：46-50，82．

[86] 张建平，马天一．建筑施工企业战略管理信息化研究［J］．土木工程学报，2004，37（12）：81-86．

[87] 张建平，李丁，林佳瑞，等．BIM在工程施工中的应用［J］．施工技术，2012，41（16）：10-17．

[88] 刘占省，徐瑞龙．BIM在徐州体育场钢结构施工中大显身手［N］．建筑时报，2015-03-05（4）．

[89] 刘占省，李斌，王杨，等．BIM技术在多哈大桥施工管理中的应用［J］．施工技术，2015（12）：76-80．

[90] 张建平，余芳强，李丁，等．面向建筑全生命期的集成BIM建模技术研究［J］．土木建筑工程信息技术，2012（1）：6-14．

[91] 龙文志．建筑业应尽快推行建筑信息模型（BIM）技术［J］．建筑技术，2011，42（1）：9-14．

[92] 李犁，邓雪原．基于BIM技术的建筑信息平台的构建［J］．土木建筑工程信息技术，2012（2）：25-29．

[93] 刘占省，李斌，王杨，等．多哈大桥施工管理中BIM技术的应用研究［C］//．天津大学．第十五届全国现代结构工程学术研讨会论文集．上海：建筑钢结构进展杂志社，2015．

[94] 李建成．BIM概述［J］．时代建筑，2013（2）：10-15．

[95] 刘献伟，高洪刚，王续胜，等．施工领域BIM应用价值和实施思路［J］．施工技术，2012，41（22）：84-86．

[96] 许娜，张雷．基于BIM技术的建筑供应链协同研究［J］．北京理工大学学报，2014（12）：1315-1320．

[97] 许丽芳．BIM技术对工程造价管理的作用［J］．中国招标，2015（2）：39-41．

[98] 孙高睦．BIM技术在建筑工程管理中的运用经验交流会举行［J］．中国勘察设计，2015（1）：11．

[99] 高兴华，张洪伟，杨鹏飞，等．基于BIM的协同化设计研究［J］．中国勘察设计，2015（1）：77-82．

[100] 杨光，李慧．进度模拟与管理中BIM标准的研究［J］．中国市政工程，2014（6）：82-84，101-102．

[101] 李学俊，姚德山，刘学荣，等．基于BIM的建筑企业招标投标系统研究［J］．建筑技术，2014，45（10）：946-948．

[102] 王荣香，张帆．谈施工中的BIM技术应用［J］．山西建筑，2015（3）：93，94．

[103] 祁兵．基于BIM的基坑挖运施工过程仿真模拟［J］．建筑设计管理，2014（12）：56-59．

[104] 张连营，于飞．基于BIM的建筑工程项目进度—成本协同管理系统框架构建［J］．项目管理技术，2014（12）：43-46．

[105] 胡作琛，陈孟男，宋杰平，等．特大型项目全生命周期 BIM 实施路线研究 [J]．青岛理工大学学报，2014，35（6）：105-109.

[106] 肖良丽，吴子昊，等．BIM 理念在建筑绿色节能中的研究和应用 [J]．工程建设与设计，2013（3）：104-107.

[107] 隋振国，马锦明，等．BIM 技术在土木工程施工领域的应用进展 [J]．施工技术，2013（增刊）：161-165.

[108] 姜曦．谈 BIM 技术在建筑工程中的运用 [J]．山西建筑，2013，39（2）：109-110.

[109] 王刚，高燕辉．BIM 时代的项目管理 [J]．建筑经济，2011（S1）：34-37.

[110] 桑培东，肖立周．BIM 在设计—施工一体化中的应用 [J]．施工技术，2012，41（16）：25-26，106.

[111] 应宇垦，王婷．探讨 BIM 应用对工程项目组织流程的影响 [J]．土木建筑工程信息技术，2012，4（3）：52-55.

[112] 许旭东．浅谈如何加强建筑工程施工管理 [J]．中华民居，2013（3）：199-200.

[113] 韦喜梅．土木工程施工管理中存在问题的分析 [J]．现代物业，2011（9）：124-125.

[114] 倪桂敏．试论当前绿色建筑施工管理 [J]．科技与企业，2014（4）：49.

[115] 杨中明．浅议工程建设施工管理 [J]．建材发展导向（下），2014（1）：218.

[116] 张帅．工程施工管理中的成本控制分析 [J]．建材发展导向，2014（1）：240.

[117] 李于中．浅谈如何做好建筑工程的安全文明施工管理 [J]．建筑工程技术与设计，2014（33）：410.

[118] 易晓强．建筑施工安全管理现状分析与对策研究 [J]．江西建材，2015（2）：262.

[119] 吴博飞．土木工程施工管理中存在的问题分析 [J]．江西建材，2015（2）：252.

[120] 王勇，张建平，胡振中，等．建筑施工 IFC 数据描述标准的研究 [J]．土木建筑工程信息技术，2011（4）：9-15.

[121] 张建平，曹铭，张洋，等．基于 IFC 标准和工程信息模型的建筑施工 4D 管理系统 [C] //崔京浩．第十四届全国结构工程学术会议论文集．北京：工程力学杂志社，166-175.

[122] 张建平，张洋，张新，等．基于 IFC 的 BIM 三维几何建模及模型转换 [J]．土木建筑工程信息技术，2009，1（1）：40-46.

[123] 邱奎宁，王磊．IFC 标准的实现方法 [J]．建筑科学，2004（3）：76-78.

[124] 邱奎宁．IFC 标准在中国的应用前景分析 [J]．建筑科学，2003（2）：62-64.

[125] 王婷，肖莉萍．国内外 BIM 标准综述与探讨 [J]．建筑经济，2014（5）：108-111.

[126] 李春霞．基于 BIM 与 IFC 的 N 维模型研究 [D]．武汉：华中科技大学，2009.

[127] 李犁，邓雪原．基于 BIM 技术建筑信息标准的研究与应用 [J]．四川建筑科学研究，2013，39（4）：395-398.

[128] 吴双月．基于 BIM 的建筑部品信息分类及编码体系研究 [D]．北京：北京交通大学，2015.

[129] 住建部．工程建设施工企业质量管理规范：GB/T 50430—2007 [S]．北京：中国建筑工业出版社，2008.

[130] 住建部．建筑工程项目管理规范：GB/T 50326—2006 [S]．北京：建筑工程项目管理规范，2006.

[131] 住建部．施工企业安全生产管理规范：GB 50656—2011 [S]．北京：中国计划出版社，2012.